逆境を生き抜くリーダーシップ

PLAIN TALK

by Ken Iverson

妻マーサ、
娘のクラウディアと息子のマーク、
孫のクリスティン、ギャリック、ダナ、そしてエリックに。

序文

南カリフォルニア大学特別教授／『本物のリーダーとは何か』著者
ウォレン・ベニス

私はケン・アイバーソンに関する本をこれまでに何冊も書いた。いや、そのときは彼のことを書いているつもりはなかったのだが、本書を読んで気づいたのだ。ケンは多くの点で私が描いてきたリーダーそのもの、その体現者なのだと。

彼は私が説いてきたほぼすべてのことを直観的に実践してきた。たとえば、私はこう言ったことがある。「偉大なリーダーは組織の人間に夢を与えるが、それは完成期日のある夢だ」。ケンが築き、率いてきた会社ニューコアでは、仕事を達成する固い決意と高い志とが、まれにみる共存を果たしている。

私はこうも述べた。「組織の構築者としてリーダーがつくりあげなければならないのは、創造的な意見のぶつかりあいが歓迎され、人々が進んでリスクを引き受けようとする雰囲気だ」。私はニューコアでそうした雰囲気にふれた。本書は、その前向きで誠実な企業文化の奥深くまで私たちを案内してくれる。

さらに私はこう述べた。「軍隊式の指揮統制型リーダーシップは時代錯誤である。旧式のリーダーシップから新たなリーダーシップへの移行は、あらゆる組織の経営トップにとって大きな課題となる」。いまにして思えば、「あらゆる組織の経営トップ」ではなく「ニューコア以外のあらゆる組織の経営トップ」と書くべきだった。三五年のあいだにケンが旧式のリーダーシップを実践したことは一度もないし、それを許容したこともない。

このほかにも数多くの点で、ケンとニューコアの同僚たちが長年発揮してきた独特なリーダーシップは、いまや他社の目標となっている。本書でも、リーダーシップに関する私のつぎのような信条がいくつも確認される。

「今日のリーダーは、会社に関係するあらゆる人の考えを感じとり、その一人ひとりが会社の目標の達成に貢献できるということを理解しなければならない」

「よい指導者《リーダー》はよい追随者《フォロワー》でもあらねばならない。リーダーとフォロワーにはいくつか共通する特徴がある。すなわち、耳を傾けること、力を合わせること、そして仲間とともに競争力を高める課題を達成することである」

「専門化したマネジャーは、希望、そして優れたマネジメントの敵である。私たちに必要なのは、むしろ深い知識をそなえたゼネラリストだろう。ビジネススクールは専門化に深入りしすぎており、それがさまざまな組織にとって害になっている」

本書を読むにあたっては、まずあなたなりの理想のリーダーを思い浮かべてほしい。ページをめくるうちに、こういうことかと膝を打つ瞬間がきっと訪れるだろう。

逆境を生き抜く
リーダーシップ
目次

序文（ウォレン・ベニス）　4
はじめに　8
1 「長期の」利益を全員の目標に――15
2 意思決定は現場にまかせろ――30
3 社員はすべて平等だ――56
4 進歩は従業員から生まれる――83
5 やる気を生む給料とは――104
6 小さいことはいいことだ――125
7 リスクをとれ！――145
8 「ビジネス」と「倫理」の関係――167
9 成功は「シンプル」の先に――179
エピローグ　ビジネススクールへの提言　186

はじめに

溶けた鋼《はがね》は荒れ狂う猛獣だ。新しい連続鋳造機のまわりに、エンジニア、監督、生産ラインの作業員が焚き火を囲む子どものように集まり、かたずを飲んで見守るなか、初出鋼がジューッと音をたてて通過していく。機械がうまく働けば、冷却されて凝固した鞘状《シェル》の鋼が、怒りで真っ赤なままの溶鋼の核を包みこむ。猛獣を檻に捕らえたことを見届けた人々は、背中をたたきあい、ひとりではとうてい手なずけられない力に集団で勝利したことを祝う――。

ここには私が惹きつけられるふたつの光景がある。流れていく熱い鋼と、共通の目的をひたむきに追求する集団の姿、だ。このふたつこそ、ニューコアの本質にほかならない。混乱し、疲弊した破産寸前の会社をアメリカ鉄鋼業復活のスター選手に変貌させたカギが、ここにある。

ニューコアを再生させる過程では、われわれは社会にとって重要なことをも成し遂げた。企業国家アメリカで「必要悪」と呼ばれるものの多くが、じつは必要ではない、と証明したのだ。

ニューコアは、現在の企業社会に挑むかのように対照的な立場をとっている。われわれが何より大事にするのは、形式ばらないこと、思いやり、自由、敬意、平等、そしてありのままの事実だ。逆に許さないのは、駆け引き、独善、序列や地位への執着、従業員の当然の要求に対する無理解（ほとんどの大企業の社員はこれを我慢している）である。

現代企業の大半でまかり通っている考え方について、私に特別な見識があるわけではないので、本書でその解明に時間をかけるのはやめておく。そのかわりに、企業経営についての考え方と取り組み方について、代案を示したい。無名だったニューコアを、いかにして全米第三位の鉄鋼メーカーに発展させたか［訳注：現在は第二位］、あるいはまた、つぎのようなわが社の特徴を可能にしている秘密についても明らかにしよう。

●七〇〇〇人の従業員は業界最高額の給料を受け取っているが、鉄鋼生産高一トンあたりの人件費は業界でもっとも低い。
●フォーチュン500企業のひとつで、売上高は三六億ドルを超えるが、本社勤務の総社員数はわずか二二人、CEOから現場の労働者までの地位は四段階しかない。
●二五年間で二人に一人が失業した斜陽産業《ラストベルト》にありながら、仕事の不足を理由にしたレイオフや施設の閉鎖は一切せず、連続三〇年以上にわたってどの営業四半期にも損失を出していない。

●労働集約・技術集約型事業でありながら、生産施設の大半は人口よりも牛の数が多い地域に建設している。

●どんな企業よりも細かく費用を管理しているが、新しいアイデアや新しいテクノロジーへの投資のおよそ半分は無駄に終わることを予測し、それもやむなしと考えている。

●時間給と給与は業界平均の約六六～七五パーセントで、残りの収入は業績報酬によっているが、求人に対してはつねに多数の応募がある。

●各事業所は二一に独立し、ほぼ完全に自立しているが、事業所ごとの違い、地理的な距離、職務の壁を越えて、アイデアや解決策が驚くほど自由かつ活発にやり取りされている。

●研究開発部門も企業内の技術グループもないが、アメリカ初の大手ミニミル（小規模な電気炉製鋼所）を操業し、ミニミルで薄鋼板（以前は大手高炉メーカー《ビッグ・スチール》でのみ生産されていた高級鋼材）の生産が可能であることを初めて立証し、薄スラブ鋳造（ビッグ・スチールが非実用的として見限った技術）を初めて採用し、炭化鉄（ミニミルで鋼鉄の原料となるエネルギー効率のよいスクラップ代替品）を初めて商業生産した。

本書はリーダーシップと人生についての本である。私はここで、ビジネス、人間、誠実さ、リスクを引き受けること、そして長期的な成功の秘訣となる数多くの事柄について書いた。

私のアドバイスはすぐに誰にでも役立つというものではないが、多くの試練に耐えたことは確かだ。


私が入社した一九六二年、ニューコアはニュークリア・コーポレーション・オブ・アメリカと呼ばれていた。後発のコングロマリットで、長くねじれた道の終わりに急速に近づこうとしていた。

そもそもは一九〇六年、リオ・モーター・カーとしてランサム・E・オールズによって設立された会社である。オールズはその二年前にオールズモビルを創業していたが、ゼネラル・モーターズに吸収される直前に手を引いた。リオ・モーター・カーは独立を保って一九三六年までは乗用車を、その後はトラックを生産したが、一九五七年に自動車・トラック製造部門を完全に売却する。

持ち株会社のリオ・ホールディングがニュークリア・コンサルタンツと合併し、ニュークリア・コーポレーション・オブ・アメリカを設立したのは、一九五五年のことだ。放射線測定器その他の電子機器の製造と、放射線研究の請け負いをする計画だった。当時、この分野は魅力的に映ったが、事業が大きく弾むことはなかった。

ニュークリアは明確な目的もなくさまざまな事業に手を出した。一九六二年には、当時私が勤めていたコースト・メタルズも買収しようとしたが、コーストの取締役会は首を縦に振らなかった。するとニュークリアは私に、非常勤としての協力を求めてきた。金属業界でほかに買収できそうな会社を見つける手助けをしてほしいというのだ。三七歳だった私は企業買収の仕組みに興味があったので、これを引き受けた。そしてサウスカロライナ州フローレンスにあったスチール製ジョイストの製造会社、ヴァルクラフトの買収を勧めたところ、買収後、なんとそこの経営を託されたのである。

ヴァルクラフト事業所は、一九六五年には軌道に乗った。当時は建築ブームの真っ最中。スチール製ジョイストは、工場、商業店舗、その他の施設の重要な構造部品だった。だがあいにく、ニュークリア・コーポレーション全体では赤字がつづき、年間売上二〇〇〇万ドルに対してざっと四〇〇万ドルの損失を出していた。二度にわたる多額の債務不履行の結果、ついに破産の危機が訪れ、社長は辞任した。

取締役会は私に後任を打診してきた。社内で唯一の黒字部門を経営していることで、白羽の矢が立ったのだろう。私はまだ三九歳だったが、それで舞いあがることはなかった。引き受けたがる者はほかにいなかった。私は争わずして社長になったわけだ。

まもなく、株主たちがこの会社に対してほとんど望みを捨てていることがわかった。私が何をしようと、どうせ死に体だと考えて、「費用がかからないなら、やってみればいい」という投げやりの姿勢だった。

そこでCFO（最高財務責任者）のサム・シーゲルと私は早速、会社の半分にあたる不採算部門を売却し、収益性の高いヴァルクラフト事業所を会社再建の拠点に定めた。サウスカロライナ州フローレンスと、第二のジョイスト工場を建てたネブラスカ州ノーフォークだ。われわれの戦略は、昨今の重役たちの用語でいえば、「コア・コンピタンスにフォーカスすること」だった。もっとも、当時はそんな呼び方はしなかった。なけなしのチップを金になる事業に賭けただけだ。

一九六六年、ニュークリアの本社をアリゾナ州フェニックスからノースカロライナ州シャーロットに移転した。六八年には鉄鋼によるジョイスト製造から鉄鋼そのものの生産へと川上統合し、七二年に社名をニューコア・コーポレーションに変更した。

今日、わが社は順調だ。八か所で製鋼所を操業し、毎年八〇〇万トン以上の鋼板、棒鋼、山形鋼、炭素鋼および合金鋼の軽量形鋼を生産している。ほかにも一三の事業所で、ジョイスト、スチール製デッキ、ボルト、ベアリング、研磨用鋼球、機械加工鉄製品、スチール製ファスナー、冷延鋼板、炭化鉄、金属製建築物を製造している。さらに日本の大和工業との合弁会社ニューコア・ヤマトでは、H形鋼、パイル、大型形鋼を生産している。

ここまで発展してきたことをわれわれは誇りに思っているが、じつをいえば、鉄鋼業は私が伝えたいことの背景にすぎない。この本で提示したいのは、世界に対するひとつの見方だ。それはビジネススクールで教えることとは違うし、仕事上の経験やマネジメント本（私も熱心な読者だ）から得られるものとも違う。

ここにはリーダーシップの公式も複雑な経営モデルもない。むしろ、私の経験やものの見方を率直に語りたい。たとえば過去におこなった選択について話をしよう。ニューコアの文化を形づくるのに貢献してきた仲間たちの考えや視点を紹介しよう。そして、なぜわれわれニューコアの人間は大半の企業とは異なる道を選ぶことが多いのか、その理由を説き明かそう。

私はあなたの信念を変えたいわけではない。ただ、経営者や管理職が自分たちの進む道を選ぶ際に役立つ「実地試験ずみ」の選択肢を提供したいのだ。

私がこれまで感じてきたさまざまなことを、本書に多少とも描けているよう願っている。何しろ、私はじつに楽しい人生をすごしてきたのだから。

1 「長期の」利益を全員の目標に

重苦しい日々

一九八二年のはじめの数か月間、社内は、重力が目盛り二つばかり強くなったようだった。工場内を歩く私の足取りも重かった。その重さはみぞおちのあたりにも感じられた。それればかりか、生産ラインで働くみんなの肩にものしかかっているのが見えたし、彼らの話し声にまで聞き取れた。

私がやってきたのを見て、クレーンの運転士がレバーをニュートラルにした。そしてヘルメットを額の上に押しあげると、両手を丸めて炉の唸りに負けじと叫んだ。「おーい、ケン！　鉄鋼を買いたい人はいたかい？」。そこでこちらも声を張りあげた。「ああ、でもあんたが先方の頭に銃を突きつけてくれないとな」。クレーン運転士はにやりとした。もっとましな返事ができればいいのだが、と私は思った。

われわれにのしかかっていたのは、むろん重力ではない。それは（ビジネスライター風に言えば）「泥沼に陥った経済」であり、なかでも深い泥沼にはまっていたのが、製鋼や鋼材製造をなりわいとするわれわれだった。暗黒の時代のなかでもとくに暗かったこの時期、アメリカの鉄鋼労働者の数はざっと四〇万人から二〇万人に半減した。

この国の鉄鋼業は死んだと宣告した評論家たちさえいたが、驚くにはあたらない。ピッツバーグ、ジョンズタウン、エリー、そしてホイーリングでも製鋼所は静まり返り、労働者の住む通りには〝売り家〟の看板が立ち並んでいた。それはあたかも、ひとつ、またひとつと消えていった働き口の墓標のようだった。この状況を目にしたら、だれだって「評論家たちはまちがっていない。あすはわが身か？」と自問しただろう。

工場のラインを進んでいくと、一五年来の知り合いである整備担当の男に会った。たがいに握手をして家族の近況を訊ねあうと、彼は、このところ暇が多いから玉突きの腕に磨きをかけているんだと言った。

「こっちの勤務が明けたら、ちょっとやらないか。一ゲーム一〇ドルで」と彼はもちかけ、つづけて「その金があると助かるんだ」と自信ありげにウィンクをした。昔からふたりで楽しんできた軽い冗談だった。だがそのときは、笑顔の奥にはっきり不安が透けて見えた。その金があると助かるというのは冗談じゃない。本当なのだ。ただ、彼はそれを笑い話にしたかったし、私にも笑ってほしいと思っていた。どちらもあの重圧を感じていたからだ。

ニューコアの生産高は半分近くに落ちこんでいた。買い手がつかないのに製品をつくってもしかたない。勤務は週四日あるいは三日にまで削られ、社員の平均給与は二五パーセント減となった。これは堪《こた》えたにちがいない。それなのに私が工場内を歩いても、従業員の不平はひとつも聞こえてこなかった。ひとつもだ。

危機を前に大いに勇気を見せてくれていたのは確かだが、みんなが落ち着いていた理由は勇気だけではなかった。文句をつけたらクビになると用心したからでもない（どのみち当時の状況では仕事にたいした価値はなかった）。また、望みを失い、あきらめていたのでもない（ニューコアの人間は簡単には投げ出さない）。

では、賃金の大幅カットに耐え、将来に不安をいだいて当然の社員たちが、仕事場を通りかかった経営者に近づいてきて笑いあったりするのはなぜか？　簡単だ。どの従業員も身の丈を超える犠牲を強いられはしなかったからだ。

彼らの部署のリーダーは最大四〇パーセントの減給を受けいれ、事業所長ら役員たちは過去数年に較べて五〇〜六〇パーセントの収入減となっていた。私自身、その年の報酬は前年の約四五万ドルから一一万ドル程度に落ちている。つまり、われわれは痛みを分かちあっただけでなく、痛みの大きな部分はトップの人間たちに割り振ったのだ。

　その年、のちに友人から見せてもらった記事に、フォーチュン500企業でもっとも低収入のCEOとして私の名が挙げられていたが、恥ずかしくはなかった。会社の業績が振るわないのだ。もっとたくさんもらっていたら、それこそ恥じていただろう。

経営者も従業員もゴールはひとつ

　この〝痛みの分かち合い《ペインシェアリング》〟のおかげで、ニューコアは仕事が減ってもひとりの社員もレイオフせず、ひとつの施設も閉鎖せずに苦しい時期を乗りきることができた。業界全体で何千何万もの人員が削減された時代にだ。もっとも、このレイオフなしという実績は高潔さを表すものではないし、利他主義や父親的な温情主義からくるものでもない。会社の方針ですらない。社員にはくりかえしこう伝えている。「不変の規則などない。会社の存続にかかわる場合は、うちもレイオフをする」

　ここで問題となるのは、「レイオフが効果的かつ賢明な選択といえるのはどういうときか」である。会社が長期にわたって競争していくためには、忠誠心とやる気のある従業員が欠かせない。だが、景気が悪くなるたびにレイオフをおこない、そのくせふところを肥やしつづける経営陣が、従業員の忠誠心とやる気を期待できるだろうか？

この疑問は比喩ではない。経営トップに多額の報酬を払う風潮はいまだに残っている。しかもその額は年々増えていて、その際、会社の業績や従業員の働きは一切考慮されない。最近、『ウォール・ストリート・ジャーナル』でこんな見出しを見かけた。「ベスレヘム・スチール、収益減少するも、CEOは三七％の報酬アップ」。記事によれば、同社はその年三億九〇〇〇万ドルの損失を計上した。純利益は五九パーセント減（リストラ費用は含まれていない）、株価は三六パーセント下落した。教えてほしい、トップに四年間も居座るこの最高経営責任者は、これでどうやったら三七パーセントの昇給を申し開きできるのか？

正直いって、私は大手鉄鋼メーカーをちくちく皮肉るのが好きだが、こうした例はほかの分野でも枚挙にいとまがない。

AT&Tのロバート・アレンは何百万ドルもの報酬を手にしてきたが、その間、彼の会社ではコンピュータ事業への進出が大失敗に終わり、彼のために働いていた数千人が職を失った。くわしい内情は知らないにせよ、外から見るかぎり、これは私には受けいれがたい事態だ。銀行は狂ったように合併をくりかえしているし、合併や買収のあとには大量解雇がついてまわる――ただしトップは別で、重役たちは昇進するか、大金を鞍の袋に詰めこんで夕陽に向かって去っていく。これでは職場に不信感がはびこっても当然だ。

ニューコアには不信感などない。それどころか、一九八二年の暗黒の日々以降、状況は大きく好転した。わが社は同業他社の多くが苦戦するなかで繁栄している。つまり、われわれが異例なのは、経営陣と従業員が深くかかわりあっている点だけではない。低迷する業界で大きな成功をおさめている点でも異例なのだ。

おそらくだからこそ、数多くのジャーナリストやビジネススクールの教授が、ニューコアについていろいろ調べているのだろう。彼らの考えでは、そこには何か秘訣がある——元気を失った企業国家アメリカの大衆のために、幸福のつまった金庫を開けるカギが。そして人々が本来もっている生産力をもっと引き出す公式が。

ある意味では、彼らの考えるとおりだ。カギはある。おそらくそれにもっとも近づいたのは、雑誌『ニュー・スチール』の記者テッド・カスターだろう。彼はこう書いた。

「ニューコア経営陣は、労働者に対し、労働者と経営者の利益は基本的に同じだと考えさせることができた。それは、産業の黎明期《れいめいき》から経営者たちが試みながら、なかなか成就できないでいることだ」

カスターは、カギとは何かを把握した——「共通の利益」である。だが、ある点では間違っている。経営陣は労働者に対し、両者の利益が「同じだと考えさせ」たのではない。それではまるで、社員をだますか操るかして彼らの利益を放棄させたみたいではないか。そんなことはしていない。

われわれがやったのは、経営者と従業員の利益は本来異なるという考えを退けることだった。われわれは従業員と力を合わせ、社内の全員が信じられるゴールを目指してきた。つまり「長期的な存続」だ。ニューコアの経営では何よりもまず、いまから一〇年、二〇年後、子どもや孫の代になっても働ける場所が確保されるよう努めている。それがわれわれの掲げる、より高い目標だ。

誤解しないでほしいのだが、われわれはみな個人としての願いもいだいている。社員はなるべくいい暮らしをしたい。経営陣はどの企業とも同様に収益性を気にかけている。われわれはふつうの人間であって狂信者ではない。

ただ同時に、長期的な展望をもつ人間でもある。われわれの見るところ、いまの経済状況で生計を立てるのは広大な荒海を渡るようなものだ。とにかく飛びこんで泳ぎはじめることもできるが、むろん、それはばかげたやり方だ。合理的な人間なら、協力しあって船をつくるだろう。海がさらに荒れてきたら、走りまわって仲間を船からつき落とす人も出てくるかもしれない。だが冷静な人たちは一丸となって大しけを乗り越えようとする。団結して目下の危機に対処し、まわりにいる人たちこそ、よりよい将来にたどり着く頼みの綱であることを忘れないはずだ。

投機家はいらない

長期的な展望に沿った経営は、われわれにすれば常識だ。とはいえ、誰もが同じ見方をするとはかぎらない。それに、大半の大企業の経営者たちと同じく、われわれもときには、「いますぐ収益を最大にするために手を尽くせ！」とわめく連中の相手をしなくてはならない。そう、株式アナリストたちのことだ。

先日ニューヨーク市で、わが社の役員数名とともに、アナリストのグループに会った。開口一番、私は彼らにつぎのような話をした。

企業を短期的にとらえるあなたがたを見ていると、麻薬の常用者を連想する。欲しいのはすぐに効くクスリ、収益を急上昇させるときのあの高揚感なんだろう。それでわれわれに、借り入れを増やせ、起業費用と利子を資本化しろ、減価償却は後まわしだ、などとけしかける。頭のなかにあるのは短期的なことばかりだ。そちらの言うとおりにしたら、会社があとで禁断症状に苦しむことなど考えようともしない。言っておくが、ニューコアはその手の考え方に応じるつもりはない。これまでもなかったし、これからもない。

最近ではどこに行っても、「ウォール街のせいで長期的な成長を目指した会社経営ができない」とぼやく企業幹部に会う。だが、ぐちをこぼすのは時間の無駄だ。結局のところ、どちらかを選ばなくてはならないのだから――「投資家」をとるか、「投機家」をとるか。

両者の違いは〝時間〟だ。企業の成功と成長は三年から五年をかけて株価に反映される。そうして投資家に報いるわけだ。私はよく株主たちから手紙をもらうが、彼らは収益が落ちたり株価が下がったりしてもあわてて逃げるようなことはしないと約束してくれる。「正しいことをしてください」と彼らは言う。「会社の力を維持してください。期待しています」

私のお気に入りの一通は、ある引退した婦人からのものだ。彼女はご主人とカーペット店を営んでいたが、その間、定期的にニューコア株に投資していた。「お知らせしたいことがあります」とその手紙には書いてある。「主人は亡くなりましたが、貴社への投資から得た利益で、わたしはフロリダでとても快適な暮らしをしております」。彼女はわが社のやり方が正しいと信じていたのだ！

投機家はいうまでもなく、手っ取り早く儲けることが正しいと信じている。目の前で札束をちらつかせれば、相手は良識を捨てるものと思っている。驚くのは、それが実際にうまくいくことだ！　重役たちはくりかえし彼らが吹く笛に踊らされてきた。

だが、われわれはその手に乗らない。私はよく経営陣にこう釘を刺す。「われわれはひもにつながれた犬じゃない。株価の操作とか四半期ごとの配当を最大にするといった芸はやらない。

われわれは鷲だ。空高く舞いあがる。同じように高く舞いあがりたい投資家が、われわれに投資する。投機家は、お呼びじゃない」

社員とつながる4つの原則――◉

われわれが経営者としてくだす決定は、すべて長期的な展望に根ざしている。経営について私が伝えたいことの真の意味を理解するには、その点をわかっていただかなくてはならない。

短期的な事情よりも長期的な存続に焦点をあてれば、ビジネスのあらゆる面で変化が生じる。優先すべき事柄が根本的に変わってくるからだ。何より、もっぱら当座の圧力に反応してビジネス上の決定をくだすという、経営陣が陥りやすい傾向を予防できる。

ニューコアは現在、アメリカ第三位の鉄鋼メーカーだ。一九九六年の年間売上高は三六億ドルを上まわり、純利益は二億四八〇〇万ドルを超えた。株主資本利益率は一九九〇～九五年より平均二〇パーセント上昇している。

もし不景気のあいだに今四半期の収益といった短期的な問題ばかり気にしていたら、これだけの持続的成長と収益性は達成できなかったはずだ。そして経営陣が従業員を単なる〝頭数〟――人ではなく家畜にこそふさわしい言葉――として考えていたら、従業員はいまのようなやる気と生産性を維持してはいなかったにちがいない。

従業員の多くは一九八二年をおぼえている。みんなで耐えた重圧を、そして追いつめられたときに経営陣がとった行動を――。われわれは従業員とともに働いて会社を守ることを選択し、従業員もそれに応えてくれたのだ。

アーカンソー州ヒックマンにあるニューコア・スチールの工場従業員は、あるジャーナリストからニューコアに組合がない理由を訊かれ、こう答えた。「必要ないからだよ。給料はすごくいいし、理由もなくクビになった者もいない。レイオフはなし、だ。会社は従業員の声に耳をかたむけてくれる。組合の仲裁は必要ない。労使の区分もいらない。みんなが協力しあっている。ここでは仲間どうしで話し合って、自分たちの問題を解決するんだ」

私は経営陣に、日々、従業員との親密なつながりを維持するよう求めている。人材こそ、わが社のもっとも貴重な資源だと信じているからだ。

ここで苦笑した読者がいたとしても責められない。実際、従業員とのつながりを口にする重役は多いが、本気で言っている者はほとんどいない。ただ私は真剣だし、ほかの経営陣もしかりだ。

われわれと従業員との関係は、つぎのような四つの明確な原則に基づいている。

①経営陣は、従業員が生産性に応じた報酬を得られるように会社を経営する義務がある。
②従業員は、職務をきちんと果たしていれば明日も仕事があると安心できなくてはならない。
③従業員は公平に扱われる権利があり、また、当然そのように扱われると確信できなければならない。
④従業員には、不公平な扱いを受けていると思った場合に申し立てる手段がなければならない。

結局、社員はこうした基本的なことをわが社に求め、期待しているのだ。おそらく、どんな企業でも社員は似たような期待をいだいているのではないか。彼らは多くを求めているわけではない。しかるに、企業国家アメリカで従業員の待遇はどうなっているだろう。

ほとんどの人は雇用の安定を得られていない。労働者の短期的な利益は、株主と重役陣の短期的利益に較べるとずっと後回しにされがちだ。そしてこの三つの利益が衝突した場合には、労働者が職を失うことになる。どれだけ努力しようとも、また将来的に会社からどれだけ必要とされようとも、だ。そのため、長期にわたる景気拡大のさなかにありながら、少なからぬ数の人が景気後退の影や大量の〝人員削減〟の記憶に怯えている。同じ理由で、いくら経営側が信頼の懸け橋を再建しようとしても、多くの労働者が深い不信感をいだきつづけている。そもそもその橋をこわしたのは経営側なのだから。

従業員は知っている。どれだけ生産高をあげ、どれだけ会社に収益をもたらそうと、雇用主たちは支払う給料をなるべく低く抑えようとするものだと。彼らはいざ給与を見直す段になっても、たいがい〝ベンチマークデータ〟やあいまいな目標、主観的基準で煙幕を張る。まるで、「おまえは自分で思っているほど優れてはいないし、それほどの価値もない」と従業員を説得するシステムができあがっているかのようだ。

ニューコアには勤務査定というものがない。従業員は自分が生み出すものに応じた賃金を得るし、その賃金は単純かつ客観的に決定される。職務内容を記した書類もない。社員はみずからの生産性を最大にする方法を探りながら、自分の仕事を定義するのだ。

公平に扱われるべきであるという権利についてはどうか？　「人は本来、不平等なものだ」と思っていたら、誰かを公平に扱うのはむずかしい。経営者の多くはみずからが管理する相手を見下し、何層にも重ねたヒエラルキーと特権で従業員とのあいだに距離をおく。

しかし本来、経営者は企業のために最善のことをしなくてはならない。最善のこととは、われわれがみな同じ人間であるのを忘れないということだ。経営者は特別扱いを受ける必要はないし、それに値するわけでもない。経営者がほかの社員より重要ということはない。誰より優れているわけでもない。職務が違うだけだ。

経営者の職務とは主に、自分の管理する人々が素晴らしい成果を達成できるよう助けることだ。それにはまず、その事業で実際の仕事をするのは誰なのかを思い出す必要がある（エゴの肥大した経営者が忘れがちなことだ）。それはつまり、重要な決定を下したり大きなリスクを冒す際には、従業員を頼りにするということだ。そうなると、彼らが自分の能力を開拓できるような職場環境を整えなければならない。

人は仕事に何を求めるか──◉

ニューコアで働く人は、仕事から当然得られるべきものを得ている。よい給料。本物の雇用保障。興味深いチャレンジ。敬意の感じられる待遇。日々何かを達成する機会。公平かつ公正な職場。大きな成功をおさめている企業の一員という誇り……。

ニューコアとて理想郷ではない。だがわが社の人間に話を聞いてみれば、ほとんどの者はこう答えるだろう。「ええ、私はこの仕事からそういうものを全部手に入れていますよ」。そんなふうに言ってもらえる数十億ドル規模の企業がいくつあるだろう？

ニューコアがあらゆる点で見習うべき理想のモデルだ、などというつもりはない。経営で成功するにはいろいろなやり方がある。ただわれわれの流儀は、会社の人間をばらばらにしかねない利己的で短期的な利益の先へと目を向けることであり、みんなを団結させる相互の長期的な利益に焦点を合わせることだ。われわれは常により高い目標を共有している。

ニューコアがほかの会社より優れているとは思わないし、ニューコアの人間がほかの人たちと違っているとも思わない。だからこそ、われわれのやり方とそうする理由を説明しなくてはならない。

生活のために働く人の大半はみんな似ている。人々が求めるものは、その多くが同じだ。つまり、ニューコアの人間がもっているものの多くを世の働く人々も求めている。この本は、それを分かち合う方法にほかならない。

2 意思決定は現場にまかせろ

「自分の直観を信じろ」

こんな想像をしてほしい。会社から数百万ドル規模の事業の全権を委ねられた。その事業を運営するにあたって与えられた指示は「自分の直観を信じろ」。これだけ。

じつはニューコアが事業所長たちに対しておこなっているのは、ほぼこのとおりのことだ。各事業所は独立した事業体として、ひとつかふたつの工場を運営している。独自に原材料を調達し、独自のマーケティング戦略を立案し、顧客の開拓も生産ノルマの設定も独自、従業員の雇用、訓練、管理も独自、保安プログラムの作成と運営も独自……。要するに、あらゆる重要な決定がまさに各事業所で下されるのだ。そして事業所長がその決定の責任を負う。ニューコアでは全責任が事業所長にあるわけだ。

もちろん、すべての事業所長がそうした自由を喜んで受けいれるわけではない。むしろ、大半は死ぬほど恐れる。それも当然だろう。

実例を話そう。一九七〇年代なかば、サウスカロライナ州ダーリントンの事業所長は設備の拡大を決意し、スクラップの溶解用として、通常ミニミルで使われていたアーク炉ではなく誘導炉を導入することにした。彼にはそうするだけの理由があったが、社内にはそうしないだけの理由があると考える人たちもいて、全社で議論になった。これについては正しい答えも間違った答えもなく、結局、事業所長の直観に委ねられることになった。彼は「誘導炉が欲しい」と言い、それを手に入れた。費用は約一〇〇〇万ドルだった。

ところが、この誘導炉はダーリントン事業所の悩みの種となった。最大の問題は炉の内張り《ライニング》だった。予想を大幅に超える速さで摩滅してしまったのだ。内張りを交換するためにたびたび停止していては生産が立ち行かない。そんな状態が一年以上もつづいた。

誘導炉の使用を推進した事業所長はニューコアを去り（その理由は工場が直面していた問題とは無関係だった）、別の事業所長がダーリントンを引き継いだ。社内には、誘導炉を動かす努力をつづけろと力説する者もいれば、同じく熱心に、見切りをつけろと論じる者もいた。だが、今度も最終的な決定権は担当の事業所長にあった。

彼は私に電話をよこし、一〇〇〇万ドルの投資を破棄して標準的なアーク炉を設置します、と言った。よい判断だと思う、と私は答えた。屍《しかばね》を放置していても意味はない。

　この事業所長にとっては苦渋の選択だったにちがいない。だが彼は、代わりに決断してくれと誰かに頼みはしなかった。そうした自立性、意思決定の責任ばかりか説明義務まで負うことこそ、わが社の人間にとってなくてはならないものだ。だからわれわれはこの自立性を、よい面も悪い面も含めて受けいれている。

「わが社は正真正銘、自立が保証されているのです」と語るのはハミルトン・ロット。サウスカロライナ州フローレンスにあるヴァルクラフト事業所の所長だ。「そのため、ニューコアではほかの事業所と重複する努力をしてしまうこともあります。会社全体では同じコンピュータ・プログラムを六回開発することになるかもしれない。それでも、各事業所の自立性という利点はじつに大きく、それだけの価値があると考えているのです」

「ニューコアの優れた点は束縛されないところです」と言うのは、ダーリントンにあるニューコア・スチールの事業所長、ジョー・ラトコウスキーだ。「本社から支出について制限を受けることはありません。年度末に相応の利益をあげていればいいのです」

　ニューコアでは一貫して、事業所長たちに対し、彼らの管理下にある資産の二五パーセント以上の利益をあげるように求めてきた。その資産は株主の所有物であり、それを事業所長に託すのは銀行に預金することに近い。株主が健全な収益を期待するのは当然だ。

「私はそれでかまいません」とジョーは力をこめる。「私もこの事業所で働く人たちに同じ姿勢で接しています。うちの部長たちは、誰の承認も得ることなく数千ドルの予算を使っている。私たちみんながそういう決定を下すことができるのは、みずからの決定に責任をもっているからにほかなりません。私たちは仕事を果たす責務を負っているのです」

このほかにわれわれが事業所長に求めるのは二つだけ。会社の倫理規範に従うことと、事業所長たち自身がまとめた二、三の総合的な方針に準拠することだ。それ以外の決定はすべて、各事業所の管理職と従業員たちに委ねられている。

従業員とつながる方法①対話——◉

意思決定の自立性を望む管理職は、自由についてまわる責任を完全には理解していないことが多い。彼らはまず、事業の浮き沈みは自分自身の力量にかかっていることを認める必要がある。救助に駆けつけてくれる騎兵隊もなければ、かくまってくれる巨大企業もない。いるのは自分と、ともに働く仲間だけだ。協力しあえば成功する道が開ける。さもなければ失敗する。だから社員とコミュニケーションをとる能力がいかに大切かを忘れてはいけない。

われわれが各事業所を小規模に抑えてきた最大の理由もここにある。事業の規模が四〇〇人ないし五〇〇人を超えると、経営陣と従業員のつながりを維持するのはむずかしい。

私は管理職の人間に、従業員と密接な関係を保つよう命令しはしない。ただ口うるさいほど、こんな話をする。「アンドリュー・カーネギーは資本家だったから、人を小作人扱いしてもかまわなかった。でもわれわれはマネジャーだ。それではやっていけない」。しょっちゅうこういう話をされるのはわずらわしいかもしれないが、私は彼らのためを思ってやっている。

事業所長でも社員とのつながり方は人それぞれだ。いかに社員と協力して働くかについて、彼らが従うべき決まったルールがあるわけではない。毎朝、部長とミーティングをする者がいれば、部長とのミーティングは四半期に一度だけの者もいる。人より時間をかけて生産ラインを歩いてまわるという者もいる。だが、誰もがなんらかのかたちで、つながりを維持している――さもなければ事業所長はつづかない。

鉄鋼のつくり方を知らないという理由で事業所長が解雇されたことはないが、ニューコアの大きな目標に従業員を導くのに失敗して解雇された事業所長なら何人かいる。そういうとき、われわれは「従業員が事業所長をクビにした」と言う。フットボールのチームがコーチへの信頼を失ったようなものだ。その場合、クビにすべきはコーチだろうか、それともチームの全員だろうか？

われわれは事業所長を選ぶ際には、社員と協調してやっていく意思と能力があるか否かを見極めようと努める。たとえば、候補の部長たちには、スキル上の強みと弱点がわかる標準的な心理テストなど、これまで大きな効果をあげてきた審査を受けてもらう。成功を見込めない人物を登用したくはない。管理職には、部下とよい関係を築くにはどこをどう改善する必要があるかに気づいてもらいたい。

一度、際立った才能の持ち主を社外から招いて、ある事業所の経営をまかせたことがある。この人物は冶金学《やきんがく》の高等学位ばかりかMBA（経営学修士号）も取得していた。頭脳明晰だった。われわれは大喜びで彼を迎え入れた。

ところが、管理職としてはまったくの役立たずだった。トラブルの予感がしたのは、彼が自分のまわりを補佐役で固めはじめたときだ。取り巻きの主な役割は、所長と従業員のあいだの緩衝材《かんしょうざい》となることだった。小規模な事業でそんな真似をしてはいけない。彼には助言が相次いだ。「それは賢いやり方ではない」「まわりの人たちとふれあうことが肝心だ」「所長の権威は部下によってもたらされるのだ」……。部下から距離をおくことは、権威のよりどころから遠ざかることなのである。

私自身、人にやれと説くことはみずから実行してきた。工場の管理を任されたときは、毎朝、工場内の全管理職と話をしてまわった。一人ひとりを相手に腰をおろし、話をしながらコーヒーを飲む。自分のオフィスに戻って仕事の山に取りかかるのが昼近くになり、すでに一日ぶんのカフェインを摂取していた、ということもあった。

だが、そうするだけの価値はあった。朝の巡回で十数人と言葉を交わすと、事業のあらゆる部門の最新状況がつかめたのだ。そのうえ、社員たちが自信に満ちているか不安を覚えているかわかったし、機械がどの程度うまく機能しているかもじかに見られた。また誰が苦戦していて誰がもっと大きな責任を引き受けられそうか、といった感触を得ることもできた。

これは私と対面することに慣れてもらうのにもよい方法だった。彼らから正確な情報を迅速に集める必要が生じたとき（その日はいずれやってくる）、相手を怯えさせずにすむからだ。

そんなふうに歩いてまわったからこそ、私は従業員が何を考えているかいつもわかっていた。彼らがどんな人間で、どんな能力があり、何を気にかけているかがはっきり感じられた。彼らも私について同じことを感じ取ったはずだ。

よく知らない相手に事業の成否を託すことなど、私には想像もつかない。それは片翼で飛行機を飛ばそうとするようなものだ。

従業員とつながる方法②意識調査——◉

むろん、接触を保つ方法は、くだけた会話にとどまらない。私は社員の公式な意識調査も大事だと思っている。

企業のリーダーたちがこんなことを言うのを耳にしたことがある。「意識調査など必要ない。

社員とは毎日、話をしているのだから」。冗談じゃない。意識調査には貴重な特徴がある。まず匿名でおこなわれること。そして、社員が自分のものの見方についてじっくり考えるきっかけになることだ。調査結果を真剣に受け止めれば、調査をする側にとっても、しっかりと注意を払うきっかけになる。

ニューコアでは三年ごとに全従業員の意識調査をおこなう。仕事の満足度について一般的な質問をし、社内の雰囲気について一般的な観測をする。手の込んだものではない。それでもこれは社員とのつながりを保つのに欠かせないツールだ。

ある質問項目では、こんなふうに意見を求める。「ニューコアに関してひとつだけ変えられるとしたら、何をしますか?」。一、二行しか書かない者もいるし、二、三ページにわたってびっしり記入する者もいる。私はすべての回答を読むよう心がけている。社員からの提案を実施する義務はないが、彼らの考え方に耳を傾け、真摯に検討する義務はある。われわれはその務めを各事業所内で、そして意識調査の年には事業所長会議でも果たしている。これはわれわれの職務のなかでもきわめて重要なもののひとつなのだ。

この調査から大きな変化が生じたこともある。たとえば、抜き打ちの薬物検査の実施だ。私はもともと薬物スクリーニングには反対だった。それは社員に「あなたを信用していない」と告げるようなものだからだ。だが、「会社は抜き打ちの薬物検査をすべきでしょうか?」という質問に、七〇パーセント以上が「イエス」と答えたので、これは導入しなければならないと判断した。いまでも好きになれないが、論理的な反論はできない。これは従業員の安全にかかわる問題なのだ。

薬物検査の結果の取り扱いについては、事業所ごとにまかせてきた。ジョイスト工場のほとんどでは、検査で陽性と出た従業員にはリハビリ・プログラムへの参加を課している。陽性反応が常習化すれば免職の対象だ。だが、製鋼所の場合は、ほとんどが「陽性なら即クビ」の方針を採用している。たとえ一度だけでも、薬物を摂取した状態で働いた者を許すには、製鋼所はあまりに危険な場所だからだ。一五年、二〇年とまじめに働いてきた者にすれば、突然の不幸にちがいないが、この方針はもともと現場で働く人々から出てきたものだ。彼らにとって、それほど大事なことなのである。だから全員に適用しなければならない。

薬物検査のプラス面として、数人の社員からこんなふうに言われたことがある。「むかしはドラッグをやって荒れたりしてたんですよ。でもやめました。仕事と天秤にかける価値なんかありませんからね」。じつに気分がよかった。

もうひとつ、意識調査がきっかけとなった変化に、タイムレコーダーの廃止がある。このアイデアは私もすぐに気に入った。そもそもタイムレコーダーには意味がなかった。わが社の事業所は小規模だから、誰がいて誰がいないかぐらいはすぐわかる。おまけに、出退勤時にタイムカードを押すよう指示されるのをみんなが嫌がっていた。というわけでこれは廃止した。調査を実施しなければ、まずありえなかった決定だ。

意識調査で浮かびあがったアイデアを試した結果、うまくいかなかった例もある。たとえば、健康保険の選択肢を増やしてほしいとの要望がかなりの数にのぼった年があった。そこで変更してみたが、医療費がはねあがってたちまち手に負えなくなった。われわれはこの改革を取り下げた。それもまた正しいことだった。

わが社では否定的な意見も含め、調査結果を偽りのないレポートにまとめて社員に提示するというより、四半期ごとの社報のまるまる一号を費やして結果を報告している。だが、その時点で試みるのはそれだけだ。管理職のなかには、即刻すべての質問に答え、すべての問題を解決しなければならないと考える者もいるらしいが、それは間違いだと思う。第一に、意識調査で本当に大事な質問がされていれば、すぐに答えを示せるはずがない。第二に、経営側の提示する解決が良策かどうかを判断するために、社員はまず自分でその問題について考える時間が必要だ。

要は、調査結果をある種の手っ取り早い経営チェックリストにしてはならないということだ。定期的に調査を実施し、結果を吟味して従業員と共有し、じっくり話し合ううち、それはおのずと経営上の意思決定に反映されるだろう。

従業員とつながる方法③ミーティング

社員ミーティングもまた、経営者が社員とふれあう方法として知られている。だが、意識調査と同様、すべての会社がミーティングを有効活用しているわけではない。

わが社の社員ミーティングは一九六〇年代後半～七〇年代前半に二、三の事業所ではじまった。やがてそれは習慣に、ついで方針へと発展した。現在では事業所長たちに対し、担当事業所の全従業員と、五〇人を上限とするグループ単位で、年一回以上のミーティングをするよう求めている。つまり従業員五〇〇〇人の工場なら、事業所長は社員ミーティングを年一〇〇回以上おこなうわけだ。各所長はミーティングのスケジュールを提出しなければならない。

ミーティングの実施方法は事業所によって若干異なる。たとえば配偶者を招待するところもあれば、その事業所で働く者に限定するところもある。それでも、わが社の社員ミーティングすべてに共通する基本的な特徴がある。長年のあいだに気づいたのだが、それらの特徴があるからこそ、ミーティングがきずなを保つ効果的な方法となっている。

ひとつめは、管理職がしゃべりすぎないこと。いくら従業員を集めても、単に話を聞かせる場や仕事上の決起集会にするのでは、きずなが築けないばかりか彼らを遠ざける結果になるだろう。わが社の社員ミーティングでは、まず所長が話し合いの口火を切るが、話は二〇分以内におさめ、あとは社員たちが引き取る。彼らが語るのは事業所の設備や規則、手順など、彼らから見た業務に関するあらゆる事柄だ。経営側はじっと耳を傾ける。

ふたつめは、社員の語る言葉を管理職が真剣に受け止めること。管理職の前で立ちあがって問題をもちだす社員は、勇気を奮い起こしているにちがいない。それなのに管理職が口先だけで調子を合わせていたら、きずなは失われるだろう。

数年前にヴァルクラフト事業所の社員ミーティングで、ひとりの社員が立ちあがって発言した。「駐車場で盗難が発生しています。私は車上荒らしでラジオを盗まれました」。別の社員が立ちあがった。「おれはガソリンを抜き取られた！」。さらに別の社員が、「そうそう、私はタイヤを盗られましたよ！」

明らかに問題が起きていたにもかかわらず、その夜まで経営陣は見落としていた。だが社員ミーティングのおかげで気づくことができた。それからきっかり三日で、駐車場には柵がめぐらされ、照明が完備された。

従業員との形式ばらない会話、意識調査の実施、社員ミーティングの開催は、いずれも一緒に働く人たちとつながるためのごく一般的な方法にすぎない。それを価値あるものにしているのは、方法そのものではなく、その方法を生んだ意図である。

したがって、私のアドバイスは煎じつめるとこうなる。「自立型の経営を望むなら、従業員とのきずなを維持したほうがよく、従業員とのきずなを維持したいなら、誠実かつ持続的に取り組む態勢を整えたほうがいい」

分厚い報告書はいらない――◉

ビジネス界の古い格言によれば、仕事の自由度は本社からの距離に比例するという。ニューコアの事業所はいずれもノースカロライナ州シャーロットの本社から離れた土地にある。もし近くにあったら、われわれ本社の人間が入りびたり、あれこれ提案したり、口出ししたりして彼らの時間を無駄にするだろう。その事業所を運営する事業所長は、姑と同居している気分になるにちがいない。

われわれは事業所長を監視しないし、分厚い活動報告書を求めることもない。だからといって無頓着なわけではない。権限を委任しておいて情報を集めずにいるのは自殺行為だ。

各事業所からは毎週、本社に重要な数字をいくつか提出してもらっている。これを総合すれば、基本業務全般の〝スナップショット〟が得られるわけだ。

●引き合い（照会）

●受注量
●生産量
●受注残
●在庫量
●出荷量

ニューコアの全事業所のこうした数字がレターサイズ（二一・六×二八センチメートル）の紙一枚に印刷される。

もうひとつある提出書類は四ページほどの長さで、こちらはその週の数字と前の週の数字を較べ、さらに一三週間の数字を一覧にして前年同期の一三週間と比較する。これで推移がわかるわけだ。比較データはすべてコンピュータで集計されるため、ごく簡単に作成できる。

こうして全部で五ページほどのデータを頼りに、われわれは数十億ドル規模の企業における二一事業所の毎週の業務を把握する。私は毎週水曜日の朝にコーヒーを飲みながらこの週間報告に目を通す。ある事業所の数字が振るわないように見えたら、さらに情報を求める。ジョン・コレンティ（ニューコアの社長兼CEO）か私がすぐに事業所長に電話をするのだが、電話を受けた彼らは驚かない。どんな数字を出せば質問がくるかを心得ているからだ。一方、数字が順調なら、われわれは業務に問題はないと判断する。必要があれば向こうから電話をかけてくるということもわかっている。

つまり、われわれは必要な情報を得る努力をする一方で、報告を合理化して〝情報過多〟を避ける努力もしてきたのだ。

多くの経営者は見落としているが、情報過多は業務に対する過剰な管理につながる。なぜなら情報が多すぎるのは情報が少なすぎるのと同じで、実際の状況がわからなくなるからだ。状況がわからなければ、ついつい首を突っこみたくなる。現場の人間に「自分の直観を信じろ」と本心から告げるのはむずかしい。

しかし、情報過多を解消するのはたやすいことではない。コースト・メタルズに勤めていた一九六〇年代はじめ、オフィスにはコンピュータがあって、私はデータ漬けになっていた。みんながコンピュータのプリントアウトの山を運びこみ、机に積みあげていったのをはっきりおぼえている。当初は私もそれでよしとしていた。「コンピュータがはじきだしてくれたのだから、重要なものにちがいない」と。だが、ほどなくその大量のデータはまったく使いものにならないと気づいた。

誰かがやってきて情報過多という重荷を取り除いてくれるのを待っていてはいけない。あなたが自分で食い止めるのだ。そこでカギとなるのは、あなたにとって本当に有用な情報の断片を識別することだ。そうすればそこに集中できる。このやり方で、私は受けいれる情報を少しずつ減らし、先ほど説明したようなひと握りのデータにまで絞りこんだ。

助言するなら、日常的に知っておくべき情報と、異常事態の発生を早めに警告してくれる情報に絞るのがいいだろう。たとえば、注文数が急激に落ちた場合、それを即座に把握できれば、原因を究明して対策を打つことができる。

また、主観的な情報と客観的な情報を区別するよう心がけることも大切だ。情報過多の大部分は余計な説明（主観的な情報）というかたちをとる。数字に語らせるのが私の好みだ。数字以外に知るべきことがあるかどうかは自分で決める。

原因と結果を示す情報を探すのもいい。自分が管理する業務の状況と事業の成果に、はっきりしたつながりが見えるようにすべきだ。たとえばニューコアでは、月末に各事業所からいくらか詳しい報告が届けられる。この報告は週単位の報告と同様、データだけで文章はない。各事業所の予算に対するコスト、売上高、月間収益、月間資産収益率に関する最新情報を伝えるもので、言い換えると、われわれが週ごとに追跡している業務という原因から、事業所がその月に導いた結果を示すものだ。こうした週ごと、月ごとの報告を総合すれば、原因と結果が見えてくる。おまけに、これはわかりやすい。

最後に、相手が提供しやすい情報に的を絞ることもおすすめしておこう。そうすれば情報を求めても仕事の妨げにならないので、必要な情報が着実に提供されることになる。

真に有用な情報を効果的かつ着実に集めれば、現在の状況がわかる。状況がわかれば、自分の直観を信じろと従業員に告げることはずっとたやすくなるはずだ。

分権か集権か——◉

わが社の管理職と従業員に相当な自立性を認めているせいか、私は「分権化の急先鋒」と評されることがある。たしかにニューコアは分権型だが、私は何がなんでも分権化を、と言っているわけではない。中央集権型で成功する会社を築くこともできると思う。むろん、それはまったく違う会社になるだろうし、経営もむずかしいかもしれない。だが、成功する会社であることに変わりはない。

かつてウォルマートの役員を務めたことがあるが、あれほど集権化された企業はそう多くないだろう。アーカンソー州ベントンヴィルの本社では、全米の各店舗の室温まで制御していた。まさに集権化だ。そしてその集権化が妨げになることもなく、高収益事業として驚異的な成長を記録している。

つまりこういうことだ。分権化は「善」ではないし、集権化は「悪」ではない。どちらも条件がそろえば堅実な選択肢となる。

マクドナルドやウォルマートなど場所を問わず均一な営業が求められる企業は、比較的少数の人間で方向づけしなければならない。そのような企業では集権化された意思決定によるアプローチのほうが賢明だ。

一方、多様な市場に対応する企業や場所によって条件が著しく異なる企業、あるいは均一性より高度な革新性と柔軟性を頼りとする企業などは、より幅広い層の人々、すなわち現場の人々が決定を方向づけるのが一番だ。こうした企業は、最前線で働く人たちに「自分の直観を信じろ」と告げなければならない。そして従業員に直観を信じろと告げる企業は概して分権化すべきだ。分権型の構造では、戦略の設定や投資の仕方、意思決定、方針作成にかかわる権限が市場に近くなる。各事業所の自立が促進されるのだ。

管理職に就いている人は、自分が責任を負う業務の権限を、企業と同様に考えるといい。あなたの部署やグループでは、均一性と革新性のどちらが重要だろう？　一貫性と柔軟性では？　成功するか否かが均一性と一貫性に大きく左右されるなら、集権型の意思決定が理にかなっているかもしれない。革新性と柔軟性にかかる部分が大きいなら、意思決定の権限を意識的に部下におろすべきだ。

私の見るところ、集権化か分権化かを決めかねている企業がじつに多い。そういう企業はまず、業務と意思決定の権限を細分化して現場にばらまく。そして「小さな事業単位《スモール・ビジネス・ユニット》」を設定し、

「顧客に寄り添うこと」を唱え、自立性と（それゆえの）柔軟性を必要とする現場の従業員への「エンパワーメント（権限委譲）」に努める。ほとんどの場合、こうした努力はある程度の成功をおさめるが、それは本社が権限を引き戻すまでの話だ。そう、結局は通常、「無駄をなくす」ためのコスト削減策としてすべては元に戻るのだ。

そんなふうに、アコーディオンの蛇腹を伸ばしては縮めるような真似をするあいだ、なかにいる社員たちはぎゅうぎゅう押されている。集権型の意思決定を分権化したのち、ふたたび集権化すれば、社員のあいだに「経営陣は場当たり的だ」という見方が広がるだけでなく、レイオフやリストラが生じかねない。

大きな苦痛を伴うにもかかわらず、企業がこうした変遷をたどる正当な理由として考えられるのは、①事業内容を変えるため、②ビジネス環境の根本的な変化に対応するため、のふたつしかない。コスト削減、効率性、生産時間《サイクルタイム》の短縮は、事業を集権化したり分権化したりする理由にはならない。それらは、どちらの構造でも追求できるはずだからだ。

そんなわけで、もうおわかりだろうが、私は分権化の急先鋒というより、むしろ「確固たる決断」の唱道者だ。あらゆるレベルの経営者は、自身が経営する事業にとって何がもっとも大事かを判断し、その判断をもとに、どこに決定権をおくかを選択しなければならない。そしてその選択の実行を徹底し、その選択を長期にわたって貫くのだ。どちらを選んでも、何かをあきらめることになる。だが選択せずにいれば、すべてをあきらめるはめになりかねない。

白熱する所長会議

意思決定と説明責任の分権化を選ぶ会社は、事業内にある程度の一体性を保つ方策をとらなければならない。

ニューコアの場合、その一体性に貢献しているのは、各事業所の所長が会社の役員を兼ねていることだ。事業所長はほぼ一年じゅう部署の運営に忙殺される。その事業所の売り上げ、利益、総資本利益率などで頭がいっぱいだ。だが、毎年三回（一一月と二月と五月に一回ずつ）、事業所長の肩書きを忘れて会社の役員としての役割に専念する。ほかの事業所長たちと会議を開き、方針を設定して、会社全体を方向づける決定を下すのだ。

それぞれの会合は通常、水曜夕刻の三、四時間の会議を皮切りに、木曜と金曜の終日おこなわれ、ときには週末に突入する。

一一月には、各事業所の翌年度の予算を提出する。また、設備投資計画の概略の説明もする。二月には、予算と設備投資計画が最終的に決定される。

五月の会議で話し合われるのは、もっぱら人事、報酬、安全管理、福利厚生などだ。わが社の人事方針は事業所長が集まって作成したものであり、毎年五月にここで見直されている。

こうした会議は事業所長たちのものだ。本社の人間が退屈なプレゼンテーションを押しつけることはない。そもそも本社からの参加者はほんの一握りだ。「自分の直観を信じろ」と言われて自立した活動をしている事業所長たちに、静かに聴きなさいとはとても言えない。

「この会議で、シャーロットの本社の人間から話を聞かされることはまずありません。だいたいはわれわれが彼らに、そしておたがいに話をします」と語るのは、ダーリントンの事業所長ジョー・ラトコウスキーだ。「そこではわれわれにとって重要なことを話し合うのです」

こうした会議には健全な緊張感もある。彼らは大声をあげ、腕を振りまわし、テーブルをたたく。顔は紅潮し、血管が浮き出る。初めて会議に参加した新米事業所長なら、しばらくは発言を控えるかもしれないが、それも長くはつづかない。「工場を仕切って一、二年もすれば、みんなエキスパートになりますよ」とジョーは言う。

自信に満ちた頑固な連中が一堂に会せば、火花が飛び散るのは必至だ。それはよいことだと私は思う。むしろ、火花が飛び散らなかったら心配だ。この会議はわれわれ全員の衆知を、一人ひとりが活用できるようにすることを目的としている。相手の機嫌をそこねることを気にしていたら、そういった知恵は出てこない。企業としてはそれでは困る。会議で話されるのは、きわめて大事な問題だ。そしてきわめて大事な問題はときにデリケートなものだ。火花が散るのもしかたあるまい。

何年もまえ、ミシガン州マスキーゴンの鋳造所に勤めていたころ、ある人間の発言に激怒したことがあった。すると、その会社の社長が私の腕をつかんで言った。「おぼえておくんだ、ケン。よい管理職は打たれ強くなくちゃいけない。そしてすぐに立ち直ることだ」。よい教訓だ。以来私は大勢の管理職にこれを伝えてきた。

むろん、事業所長会議にも許容限度はあり、それを明示することがしばしば私の役目となる。私は彼らの自尊心を考慮する。自尊心が高いのは大いにけっこうだが、他人を踏み台にして自尊心を満足させるのはいただけない。そして明確なルールとして、個人の人格は論じないことにしている。そんな事態を見かけたら、即刻、介入して待ったをかける。

それ以外はすべて公平なゲームだといっていい。事業所長たちは思ったことを口にする。私が嫌がる内容だと知っていてもだ（そういうことは往々にしてある）。ここでカギとなるのは動機だ。自分の意見を批判されても、それが誠実かつ客観的で、会社のためを思っての発言だとわかれば、耳を傾けるのはずっとたやすい。それでこそ、彼らは異議を唱え、反論し、批判をぶつけ、やがて問題を解決して先に進むことが可能になる。わが社の事業所長たちは、どれもお手のものだ。

こうした会議に出席するなかで、事業所長たちは自分とは違う考え方があり、自分とは違う解答もあるのだと思いいたる。それを一年に三回やるわけだ。ときには気に入らないこともあるだろうが、これが賢明なやり方だということは彼らも承知している。ニューコアの事業所長たちのように、権力を、それも実権を握る者は、謙虚でなくてはならない。

また、慎重さも必要だ。事業所長はそれぞれに事業を運営し、それぞれに目標を宣言する。だが、計画、意思決定、そしてその結果について、同輩たちの精査を受けなくてはならない。これが、数百万ドル規模の設備投資や重要な昇進について、軽率な決断を下すのを防ぎきわめて有効な手段となっている。

　事業所長たちはよくこんなことを言う。「うちにはわが社一の圧延担当部長がいる。彼を昇進させて給料も大幅にアップさせるつもりだ」。するとほかの事業所長たちが、この部長の成績がじつはほかの事業所の同輩より低いことを数字で示す。最初の事業所長はしばし考える。「彼は思ったほど優秀ではないのかもしれないな」。逆のケースも同じくらい頻繁に起こる。こうして彼らは、ある人物の評価をする際、ほかの者と実績を比較したり、ほかの事業所長による評価を参考にしたりするようになる。

　開かれた議論は、小さな問題が片隅に追いやられ、そこで大きな問題に発展するといったことも防ぐ。ある事業所長が別の事業所長に不満をいだいているとしたら、いずれ会議の途中で表面化するのは避けられない。だがそれはわれわれの望むところだ。小さな問題が明るみに出れば、芽のうちに摘むことができる。

格好のライバルどうしを集め、討論、問題の解決、方針の作成、集団としての決定をさせることで、各事業所はほぼ独立していながらも、ニューコアはひとつの会社となる。これは心のきずなを保つ方法だ。人の考えに本気で反論するだけの関心をいだくということは、結局のところ、支持の表明にほかならない。おたがいがしくじることのないように努めているのだ。そういう反論に対しては、いつまでも腹を立ててはいられない。

ニューコア全体の運営を形づくる大原則は、こうした事業所長たちの会議から発展してきた。わが社の方針と戦略は、アイデアや展望をオープンにやり取りする会議の賜物なのだ。

私は何から何まで語り合う事業所長たちに耳を傾け、彼らの言葉に感銘を受けてきた。彼らが「報酬体系はこのように構築すべきだ」とか「リスクはこうとらえたほうがいい」などと言うのを何度耳にしたか知れない。そのたびに「そうだ、それこそ事業経営のあるべき姿だ」と思い、彼らのアイデアを理解したうえで、ニューコア全体に行きわたらせようと力を尽くしてきた。すべてが私のアイデアだと思いこんでいる人もいるが、私はそこまで頭が切れはしない。

大切なのは経営法の「決断」だ――◉

経営の専門家の著書のなかには、こんなふうに書かれたものがある。「よい経営者はどんな業種においてもよい経営者だ。どこに行っても成功する」。信じてはいけない。何がよいマネジメントかは状況によって異なる。たとえば、小売業界の名経営者が建設業でも名経営者であるという保証はない。その業種における経験は大きな強みだ。最重要であることも少なくない。そして、ある業種で有効とされる基本的なアプローチが、別の業種ではまるで役に立たないこともある。優れた経営法はさまざまなのだ。

だが、あなたがどのように経営するかについて優柔不断でいることは許されない。選択しなくてはならないのだ――あなたの事業における意思決定はどこで、誰によってなされるのかを。ニューコアでは、もう何年もまえに分権化を基礎とした会社づくりを選択し、各事業所が真の自立を享受できるようにした。管理職の諸君には「直観を信じろ」と言いつづけている。それは本心からの言葉だ。そして、意思決定の自立性を彼らの部下にも与えるよう奨励している。部下たちが最善と考えることをもとに決定を下すように、と。われわれがこうした姿勢を変えたことはない。

選択するにあたっては、まず、どの意思決定構造が会社にとってもっとも役立つかを考え抜く必要がある。われわれが分権化を選んだのは、一枚岩の企業としてではなく、二一の小さな会社として運営することで生まれる革新性、スピード、柔軟性を獲得するためだ。その選択につきものの重複や非効率を受けいれる用意はできている。

いったん選択したら、今度はその選択にまつわる責任を果たさなければならない。社員に「直観を信じろ」と促す分権構造の場合にやるべきなのは、彼らとのきずなを保つために誠実かつ継続的に努力をすること、情報過多から身を守ること、そして開かれた建設的な議論をおこなうことだ。それはただ指示を発するよりもずっとむずかしい。だが、ずっとやりがいがあるのもまた確かである。

3 社員はすべて平等だ

平等主義が経営を助ける

一九六二年、ニュージャージーからサウスカロライナ州フローレンスに移ってまもなく、ヴァルクラフト事業所を切り盛りする私に、地元の高校の校長から電話がかかってきた。

「ミスター・アイバーソン、わがウィルソン高校にお越しいただき、集会で生徒たちにお話をしてもらえないでしょうか?」。喜んで、と私は答え、日取りを決めた。

「ウィルソンに行くだって!?」。招待されたことを話すと、隣人は息をのんだ。「ケン、ウィルソンが黒人の高校だということは知っているのかい?」。私は知らなかったと認めた。「やっぱりそうか」。隣人は訳知り顔で言った。「立派な校舎を新築したんだが、それももう荒れ果てているという話だよ」

さて、実際に行ってみると、ウィルソン高校はまったく非の打ちどころがなかった。校長は誇らしげな笑みを浮かべて私を出迎え、その笑みを絶やすことなく校内を案内してくれた。集会に集まった生徒たちは朗らかで潑剌《はつらつ》とし、整然としていて礼儀正しかった。教師たちはプロ意識が高く、思いやりの心をもっていた。つまり、ウィルソン高校は、私と同じく教育を貴い贈り物と考える人たち、そこを素晴らしい学校にしようと最善の努力を払う人たちでいっぱいだったのだ。私はとても気持ちのいい時間をすごした。

ヴァルクラフトに戻る車のなかで、あの隣人のことを考えた。ウィルソン高校はひどい学校だと私に覚悟させた人物だ。彼はまずまず知的な人物で、現実的でもあり、地域社会の事情に通じていた。また気さくなタイプで、腹に一物あるとも思えなかった。だとすると、どうしてそこまで誤解していたのだろう?

答えは明白だった。この地域では、白人社会は黒人社会より優れているという考え方が根深く、ことさら愚かだったり妄想にかられていたり品性下劣でなくても、そんな状況を受けいれていた。それが当たり前だったのだ。実際、一九六二年に私が出席した社内のクリスマスパーティは、白人向けと黒人向けに分かれていた。黒人と白人とでは洗面所も水飲み場も別々だった。工場の新施設の落成式で、その催しを準備したコンサルタントからこう訊かれたこともある。「黒人たちを入場させるのはいつごろにしますか?」。全世界が〝われわれ〟と〝彼ら〟に二分されているようだった。そして〝われわれ〟は当然のように〝彼ら〟を最悪だと決めてかかっていた。忌まわしい事実だ。

この悲しい現実のせいで私は否応なくジレンマに直面した。道徳的なジレンマではなく現実的なジレンマだ。私がサウスカロライナにやってきたのは人種差別と戦うためではなかった。経営するためだ。私には運営すべき事業があった。だが、ヴァルクラフト事業所に本来可能なはずの業績をあげさせるには、全員が協力し、たがいに平等な存在として敬意を払うよう説得しなければならなかった。

ここからの展開には驚かれるかもしれないが（私自身も驚いた）、〝われわれvs彼ら〟式思考に終止符を打った最初のステップは、話を聞くことだった。といってもそれは私の考えではなかったのだが――。

私はまず、例によって部長たちと一対一で話し合うという作戦に出た。だが、最初に話をしたエンジニアリング担当部長から、丁重ながらもきっぱりと誤りを指摘されたのだ。「ミスター・アイバーソン」と彼は言った。「あなたはすっかり誤解していますよ。毎朝一〇時にいきなり私のオフィスにやってきて、仕事の話をするなんてのはいけません。こっちでは、まずほかの話をするんです」。ほかのこと？　「そうです」と彼は説明した。「私の家族、あなたの家族、フットボール、天気、街の話題について……そのあとで、時間があったら、仕事の話をする。礼儀正しい会話にはそういうものが必要なんです」

二の句が継げなかった。だが、彼が力になろうとしてくれているのはわかった。それにヴァルクラフト事業所の成功のカギを握る人たちを怒らせたくはない。私は彼のやり方を試して様子を見ることにした。

結局、それは素晴らしいアドバイスだったと判明する。最初の数日間に話した相手のほとんどは、小さな町のゴシップを交換したり、金曜夜の高校フットボールの試合でどちらが勝つかといった話をする私に、若干のぎこちなさを感じたことだろう。だが、まじめに努力したおかげで、私ができるだけ彼らの大事にしていることを尊重しようとしているのだと認めてもらえた。そうなると、私の考えも尊重してほしいと頼むのがぐっと容易になる。

着任して一週間後、私は白人社員の更衣室と黒人社員の更衣室を隔てていた壁を取り払った。人々を〝われわれ〟と〝彼ら〟に分離する世界の壁を撤廃できたわけではなかったが、ヴァルクラフトではたしかにそれができた。

不平等はいまだにほとんどの企業に蔓延している。ここで言う不平等とは階層《ヒエラルキー》上のことだ。かつてアメリカ社会で正当化・制度化されていた人種的不平等のように、アメリカの企業は組織内の〝われわれvs彼ら〟という原則を正当化・制度化している。浮世離れした豪華オフィス、重役専用駐車スペース、社用ジェット機、リムジン、狩猟ロッジ、ファーストクラスでの移動、高級リゾートでのミーティング……。企業階層のトップは特権につぐ特権をほしいままにし、本物の仕事をしている人たちに見せつけておきながら、コスト削減や収益性の向上といった経営側の呼びかけに従業員たちが応じないのはなぜかと首をかしげる。

重役たちが社員から離れようとするその姿勢には驚くばかりだ。ジャーナリストのジョン・ストロマイヤーが書いた『鉄鋼産業の崩壊――ベスレヘム・スチールの教訓』（サイマル出版会）にはこんな話が出てくる。ベスレヘム・スチールの重役たちが会社の資金で自分たち用に美しいゴルフコースを建設したところ、社内で不満の声があがった。すると彼らは中間管理職用にふたつめのコースを、そして結局、従業員用に第三のコースも建設した。想像してほしい、わざわざゴルフ場を三つもつくって、企業の階層における自分たちの地位を社員に思い出させたのだ。こういう会社の価値観や企業文化はどうなっているのだろう？

企業文化（社風）とは、社員、顧客、供給業者の相互関係を形づくるあらゆるものだ。ニューコアの場合、その文化をもっともよく表わす言葉は「平等主義」だろう。

アメリカは、富める者も貧しい者も、老いも若きも、強者も弱者も関係なく、人は本来平等であるとの理念のもとに建国された。だから思想的な根拠からいっても、平等主義の文化は正しい。だが、わざわざ思想をもちだす必要はない。平等を奨励する最良の論拠は、生産性、効率、収益性、成長といった実際的な事柄だ。企業が長期にわたって競争していくためには意欲のある従業員が必要であり、平等主義の文化は従業員の意欲を保つ非常に実際的な方法なのである。

変革はヘルメットの色分けから ──◉

経営者や管理職は、平等や「社員へのエンパワーメント」を促進するには干渉しないのがいちばんと考えがちだ。かくいう私も、気づくと管理職たちに従業員の「邪魔をしない」よう勧めていたりする。だが、じつは受身でいてはいけない。階層《ヒエラルキー》を攻撃しなければならない、こわさなくてはならないのだ。

私にその機会が訪れたのは、数年前、ウォール・ストリート・ジャーナル紙で、カナダのある会社では社員全員が同じ色のヘルメットを着用するという話を読んだのがきっかけだった。興味をかきたてられた。ニューコアの工場では、ヘルメットを必要とする職場のご多分にもれず、作業員、監督、部長、事業所長が異なる色のヘルメットをかぶり、それぞれの地位がわかるようになっていた。本社からやってきた上級役員には、高い地位のシンボルとして金色のヘルメットが渡された。これは業界の伝統に即したものだったが、平等主義の文化を守るというわれわれの目標に反していると思われたため、私はその場で、誰にも相談せずに決定した──これより、ニューコアの全職員は緑色の、来客は白のヘルメットを着用する。例外は一切もうけない。

すると一週間は電話が鳴りやまなかった。電話か手紙でこの措置に抗議した監督が五〇人はいたと思う。「そんなのだめですよ！」と彼らは言った。「あのヘルメットは私という人間を示している。私の誇りだ。帰るときにあれをリアウィンドウに置いて車を走らせるからこそ、私はニューコアの監督だとみんなが知っている。現場では権威の象徴にもなる。どうしてそれを奪おうとするんですか」

彼らの言い分はわかったが、平等主義の文化という目標と明らかに矛盾する習慣をつづける理由にはならないと思った。そこでわれわれは各工場の事業所長と監督を対象に形式ばらないセミナーを開き、この変更を受けいれられるよう懸命に説得した。きみたちの権威と地位はヘルメットの色に由来するのではない。それぞれの人柄、行動、これまでの実績すべてによるのだ、と。結局、ほとんどの者がしぶしぶながらも了解してくれたし、二、三か月後には誰もが新しい方針に満足していた。

ただ、私のヘルメット策にはある重大な欠点があった。機器に問題が生じた場合は、保守・整備担当者をすぐに見つけなくてはならないのに、階層のシンボル撤廃を急ぐあまり、人によってはは別の色のヘルメットをかぶる至極もっともな理由があることを見落としていたのだ。私の好きな格言に、「よい経営者も悪い判断をする」というのがある。保守担当者を別扱いにしなかったのは間違いだった。この点を指摘された私はそのとおりだと認め、保守スタッフが黄色のヘルメットをかぶることに同意した。

一〇年前にニューコアがベアリング製造工場を買収したとき、まっ先にやったのはリムジンの売却、二番めは重役用駐車スペースの撤廃だった。これには黒の塗料が少々あれば事足りたのだが、それに対するみんなの喜びようといったら！　工場の外に出て新しい社員たちと顔を合わせていると、ある若者が立ち止まり、にこやかに後ろの駐車場を指差して言った。「僕が駐車したところを見てください。あそこ、ボスの場所ですよ」

「ボスの場所だった、だね」と私は言った。

「まあ、そうかな」。若者はくすくす笑って言った。それからふと真顔になり、「おかげでいままでよりずっと気持ちよく働けますよ」

いかにも。雨の日に、自分は駐車場の奥に駐めなければならないのに、工場の入り口正面には二、三台ぶんの空きスペースがあって、出張で町を離れている管理職を待っているとしたら、従業員はどう感じるだろうか？　管理職がほかの人間より優秀だとか重要だと言いたげにふるまうことを、社員たちはやめてもらいたがっている。

マネジメント階層のトップにいる人たちは、その階層によっておとしめられている人たちの意欲をかきたてるために、何百万ドルもつぎこむ。あきれて首を振るしかない。いったい何を考えているのだろう？　経営陣とほかの社員との差を最小限にするだけで、ずっと高い効果が得られるというのに。

わが社の重役たちは、団体保険も休業日も長期休暇もほかの社員と同じだ。昼食をとるのも同じ大食堂で、出張は民間機のエコノミークラスに乗る（ただしマイレージを利用した座席の格上げは可）。重役室もなければ重役専用車もない。本社にいたっては「社員食堂」は向かいのデリだ。

ニューコアの重役たちにこれ以外のやり方はありえない。彼らは平等主義の文化が従業員だけでなく自分たちの利益にもなることを承知している。たとえば、豪華な役員室をもらえるかどうか気をもんだり、誰が社用機を使うかを議論したりして時間を無駄にしなくていい。わが社ではそんな特典などないし、あったとしたら、達成感よりもずっと大きなストレスの原因になるだろう。まったくばかばかしい！　無意味なステータスシンボルや権力のしるしを追いかけるなんて。いつか仕事人生を振り返ったとき、あなたはそういうものが大事だと思えるだろうか？

地位は四段階のみ――◉

私にとって階層とのもっとも長きにわたる戦いは、マネジメントの階層《ヒエラルキー》の拡大に断固として反対してきたことだろう。三六億ドル企業であるニューコアには、マネジメント階層が四つしかない。

①会長／社長
②事業所長
③部長
④監督／専門職

どうだろう。社内の誰もが、四回昇進すれば私が占めているこの会長職にたどり着けるのだ！　これに対し、一般的なフォーチュン500企業は八から一二の階層がある。

ニューコアが初めて一〇億ドルの売り上げに近づいたとき、少なからぬ人からこう言われた。「そろそろ経営の階層を増やさなきゃなりませんね」。私は取り合わなかった。二〇億ドル、さらに三〇億ドルの節目に達したときも同じだった。

まず、私は「統制範囲の原則《スパン・オブ・コントロール》」という古い理論を受けいれるつもりがなかった。私が駆け出しだったころ管理職に教えられたこの理論は、管理する人数が六人になったら管理者をもうひとり増やすべきだとしている。私にはこの制限が厳しすぎると思えてならない。これもまた部下を過小評価する経営層の傾向の表れなのだろう。ニューコアには四〇人ないし五〇人を直接管理する監督もいるが、彼らはとてもよくやっている。

もっと核心に迫る話をすると、経営の階層を増やせば、わが社最大の強みのひとつが台なしになると思っている。その強みとは、きわめて短いコミュニケーション経路だ。「知りたいことはすぐに見つかります」と語るのはダン・ディミッコ。アーカンソー州ブライスヴィルにある合弁会社ニューコア・ヤマト・スチールの経営者である。「経路をいくつもたどる必要がないからです。電話をかけるか、必要な情報をもっている人に会いにいけばいい。たいてい、あっさり片づきますよ」。こんなふうに言ってみたい管理職はたくさんいることだろう。

意思疎通を図りたいときに、グループ副社長やら地域担当マネジャーやら地区担当マネジャーやらを通さないといけないとしたら、伝言が相手に届くころにははじめの意図からずれてしまうにちがいない。メッセージをはっきりと、そのまま伝えることをわざわざ困難にする理由がどこにあるだろう？

同じことが、情報を階層の上に向けて送りたい場合にもあてはまる。すべてのアイデアをトップレベルの人間に伝える必要はない。ただ、マネジメントに一〇階層もあったら、従業員からどんなに素晴らしいアイデアが出ても、無事にいちばん上までたどり着けるとは思えない。

途中で内容が致命的なまでに薄められたり、上司に横取りされたりするのではないか。

それでいて重役たちは、なぜ社員は提案制度に関心を示さないのかと不思議に思う。理由は明白。提出しても、勢いを失って死んでしまうアイデアがあまりにも多いからだ。登らなければならない滝が多すぎた産卵期の鮭と同じである。私に言わせれば、この問題の解決策は「もっとよい提案制度をつくろう」ではなく、「滝をちょっと減らそう！」だ。マネジメント階層を五つ六つ取り払えば、社員がもっている情報やアイデアはしかるべき場所に行き着くだろう。

むろん、いくら「階層構造を打ち砕く」といっても限界はある。おそらく、階層を完全に打破するのは無理だ。だが、まさにその発想を試している企業がある。ゴアテックスの製造元、W・L・ゴア&アソシエイツだ。私はこの会社にずっと以前から魅了されている。同社は株式非公開で、独自の経営コンセプトを用いてきた。その骨子はつぎのようなものだ。「リーダーはいない。ビジネスの主体はグループにある」

ビル・ゴアは、若い女性社員が地元のある団体からゴア・アソシエイツの経営についてスピーチを依頼されたときのことを語っている。彼女は名刺と肩書きを送るように頼まれたが、同社の社員はどちらももっていない。そこでゴアは彼女のために名刺を一枚用意する。添えられた肩書きは「最高司令官」だった。

ニューコアくらいの規模になると、何らかのマネジメント階層がなければ経営できないが、それでもせいぜい四階層もあればやっていけると確信している。もっと必要だと私を説得できる人はいないだろう。私は階層構造が拡大する兆候をけっして見逃さない。事業所内の派閥、大量の連絡メモ、部長間の対立、数々の委員会、コミュニケーションの隘路《あいろ》、会議につぐ会議……。階層構造がひそむところに、こうした悪習が頭をもたげる。私はそれらを根絶やしにするために最善を尽くしている。われわれの目標は、社員のみんなに思い切り仕事をしてもらうことなのだ。

苦情は直接私に――◉

最低限のマネジメント階層が不可欠である以上、従業員には異議や要望を申し立てる道がなくてはならないと信じている。自分の関心や懸念に経営陣から十分な、あるいは正当な対応を受けていないと感じたときに社員が頼れる手段だ。ニューコアの場合、最終的な申し立て先は私、もしくはＣＥＯのジョン・コレンティとなる。われわれは、社員のどんな意見もできるかぎり分け隔てなく聞き、迅速に対応すると約束している。

社員は誰でも書面で苦情を訴えることが認められているが、ほとんどの場合は手っ取り早くわれわれに電話をしてくる。直接かけてもかまわないとみんなが知っているのは、電話をした経験のある者がそれで大丈夫だと話しているからだ。私は極力自分で電話に出る。誰かに電話をふるいわけてもらう必要を感じたことはない。自分で出ないとしたら、それは部屋にいないか、別の電話に出ているときだ。

電話をかけてくる社員は匿名でかまわないし（ほぼかならず名乗ってくれるが）、用件については、公式、非公式を問わず、とくにルールはもうけていない。なかには、これといった苦情がないのにかけてくる者もいる。ただ胸のつかえを取りたいだけなのだ。少々ガス抜きができれば一件落着。しかしふつうは、自分や上司では解決できない深刻な問題がなければかけてこない。

一度、上司に断りなく職場を離れたために解雇された社員から電話を受けたことがある。保安上の理由から、われわれは工場に誰がいて誰がいないかを把握しておかなくてはならない。だが、電話で聞いた話によると、この社員の息子が事故に巻きこまれ、知らせを受けた彼はあわてて職場から病院に向かい、そのことを周囲に伝えるのを忘れてしまったのだという。彼を解雇した監督は規則に従っていたが、この場合は常識的にいって規則を度外視してかまわない。社員との話を終えると、私はその事業所の所長に電話をかけた。ほどなく、これは例外だということで意見が一致した。この社員は仕事をつづけられることになった。

生産高報告書に虚偽の数字を記載したせいで解雇された社員もいた。二三歳の新米監督で、みんなに認めてもらおうとがんばっていた。その彼が電話をよこし、会ってくださいと言うので、こちらに来るように伝えた。はるばるインディアナ州からシャーロットの私のオフィスまで車でやってきたとき、彼は同じ工場で働く義理の兄に伴われていた。彼が数字を改竄《かいざん》したことを告発したのはこの兄なのだという。若者のしたことが企業倫理に反する重大な罪だったのは疑いがない。とうてい許しがたい行為だ。だが、本人にもそれがわかっていると私は確信した。そこで、検討してみようと告げ、彼の上司の部長や事業所長と話し合った。結局われわれは、いかに重大だろうと、一度の過ちで若者のキャリアと、ひょっとすると人生そのものまで台なしにするのは間違っていると判断した。彼はいまも会社にいて、非常によくやっている。

言っておくが、現行のルールを覆《くつがえ》したり、社員の不誠実な行為を許すよう管理職に働きかけるのは、よくよく考えたうえでのことだ。めったにあることではない。こうした対応を決める際、私がいちばんに考えるのは、「社内の全員に知れわたった場合（かならず知れわたる）、われわれは正しいことをしたと思ってもらえるだろうか？」ということだ。こちらの行動が会社の基本的価値観と矛盾していると映りそうな場合は、例外をつくらない。一方、ルールを曲げても、それが思いやりのしるしや長期的に会社のためになることだと見てもらえそうなら、例外とするわけだ。

私が受ける電話のなかでいちばん応対しにくいのは、薬物検査で陽性となったために解雇された社員からのものだ。こんなふうに言われる。「一生懸命働いてます。私は正直な人間です。

仕事が必要なんです」。その言葉に嘘はないだろう。だからこちらはいたたまれない気分になる。もう一度チャンスを与えたくてしかたがなくなる。だが、これぱかりはどうしようもない。このルールだけは曲げないでくれと社員から要望されているからだ。薬物を使用している同僚の存在は、わが社の職場環境では危険すぎるのだ。

電話中に私が心がけるのは、社員の話に耳を傾けることであって、問題を解決することではない。事実を把握し、彼らの言い分を話してもらい、どう感じているか、それはなぜなのかをじっくりと聞く。

管理職の人間や重役のほとんどは完璧な答えをしなくてはならないと考えがちだが、電話の主が本当に求めているのは、ずばり、聞いてもらうことだ。話を聞いてもらえばすっきりする。自分は官僚的な階層の下に埋もれていないと納得できる。わざわざ私に訴えてくるほど懸念をいだいているのだから、耳を傾けなくてはならない。それは礼儀であるばかりか、会社のためにもなることだ。

ジョンと私が社員から受ける電話は平均で月四本ほど。約七〇〇〇人の社員がいてもその程度だ。電話が少ないのは、社員が問題をかかえていないからではない。従業員の言葉に耳を傾ける優秀な管理職がいるためだ。

私はいつも、電話をかけてきた者に、その問題を上司である監督や部長、事業所長と話し合ったかと尋ねる。まだだった場合は、まずそちらの道筋を試すように勧める。一部始終を公正に聞いてもらえるはずだからだ。わが社の管理職は最善を尽くして解決策を見つけようとする。それが彼らの性分だ。それに、自分が従業員の問題に耳を貸さなければ、私が耳を傾けることになるのを知っている。

●情報はすべて共有する――

社員を平等に扱い、信頼を築き、階層構造を打ち砕くためのもうひとつのカギは、情報を共有することだ。思うに、情報の共有という問題に関して選べる道は、じつはふたつしかない。従業員にすべてを伝えるか、何も伝えないかだ。それ以外の道を選べば、情報を非公開にするたびに何か企んでいると思われるのがおちだ。われわれは従業員にすべてを伝えることを好む。隠し立てはしない。

「すべてを共有化することで、能力を最大限に発揮する機会を社員に提供するのです」とCEOのジョン・コレンティは述べている。「社員が自主的に管理するためには、そしてコストを適正に保つためには、たくさんの情報が必要になる。それに、わが社の奨励給はグループの生産実績をベースにしているのです」

「当然のことながら、共有する情報の一部は社外に流出します」とジョンはつづける。「しかし、すべてを社員と共有することの価値は、情報流出から考えられるマイナス面よりずっと大きい。わが社は目立った被害を受けることもなく、二七年にわたって、堅調とはいえないこの業界で収益を伸ばしてきたのです」

たとえば、アーカンソー州ヒックマンの事業所では、最近、基本給に上乗せされる生産量ベースのボーナス基準を改めた。こうした調整はときに、新しいテクノロジーへの投資コストを埋め合わせるために必要となる。最新テクノロジーは社員の創意と相まって、生産性（および生産ボーナスの額）をますます高めるからだ。

しかしこのとき、ヒックマンの従業員の一部はボーナス調整が正当なものか疑問をいだき、比較データの提示を求めた。そこで事業所長のマイク・パリッシュはニューコア全体の生産ボーナス水準に関するデータを集め、ニューコアの事業所長のほとんどが社員に配布している週報である〝グリーンシート〟で発表した。こうしたデータは、読み方によってはボーナスの調整への反対意見を裏づけるものになりかねないが、マイクはそれを承知のうえで、データを共有したのだった。

「もし私が生産現場の労働者なら、このデータを見たいと思うし、自分の意見を述べる機会が欲しいと思うでしょう」とマイクは説明する。「データを共有すれば、たとえその数字が調整の正当性を全員に納得させられなくても、信頼は守られる。生産の基準量を上げるべきだという私の考えは、この数字を見ても変わらず、私は最善を尽くしてその理由を説明しました。懸念している社員の声に耳を傾けたし、私の話も聞いてもらった。おたがい隠し事は一切しなかった。おかげで、長期的には全員にとってもっとも利益になる決定が、多少なりとも受けいれられやすくなったのです」

「こういうときは守るべき役員特権がないこともプラスになります」とマイクはつづける。「私はみんなと同じ医療保障を受けている。車も、みんなと同じように自分で買う。だから、彼らの金を奪って私腹を肥やそうとする男と見られることはない。私が自分だけのためでなく、会社全体のために、全社員のために力を尽くそうとしていることを彼らは知っているのです」

追い返された組合活動家

この業界では組合が組織されている会社が圧倒的に多いが、わが社の管理職は平等主義のおかげで、組合の相手をしたり組合の締め出し方をあれこれ考えたりせずにすんでいる。「組合とは要するにもうひとつのマネジメント階層にほかなりません」とダン・ディミッコは言う。「組合がするのは、コミュニケーションで通過するフィルターをひとつ増やすことでしかない。そのせいで私の人生はよけい大変になるんです」

ニューコアの社員はおおむね、組合があまり好きではないようだ。組合の活動家のことは、強引に分け前にありつこうとする部外者とみなすことが少なくない。
五、六年前のある日、組合の活動家がサウスカロライナ州ダーリントンにあるわが社の製鋼所の外に現れ、小冊子を配りながら通勤してきた労働者に声をかけていた。それは法律上、組合員に認められた権利で、法の遵守はわが社の方針でもあるから、管理職たちは見て見ぬふりをしていた。
ところが、二、三人の労働者が立ち止まり、組合の助けはいらないとはっきり伝えた。勧誘するならよそをあたってくれ、と強く言い渡したのだ。それでも活動家が一歩も引かず勧誘をつづけていると、ニューコアの従業員たちが輪になって彼に詰め寄った。そこで管理職の人間がふたり外に飛び出し、急いで活動家を車へと退却させた。彼は青くなっておとなしく引き返し、車を(話によると猛スピードで)走らせ、もっと友好的な場所を探しにいった。

なかには組合があったほうがいい会社もあるだろう。経営陣が従業員を正しく扱わず、階層構造によって押さえつけているような場合だ。だが経営陣が従業員を対等に扱っていれば、信頼を得られるにちがいない。そして信頼のきずながあれば、〝われわれvs彼ら〟という関係を基盤にした会社ではとうてい不可能なこともできるようになる。

たとえば、ニューコアには年次報告書の表紙に全社員の名前をアルファベット順に載せる習慣がある。多くの会社では空疎なジェスチャーと見られかねない(それも無理からぬことだ)。

だがわが社の場合、それは一人ひとりが等しく重要であるという強い信念の表明なのだ。ちなみに、うっかり洩れてしまった名前があれば、本人が知らせてくれる。社員数の増加で活字がどんどん小さくなり、虫眼鏡が必要な人もいるというのに。

マイク・パリッシュは三五〇人以上の社員の一人ひとりにバースデーカードを手渡ししている。「このやり方なら、確実に一年に一度は全員と直接話すことになるし、工場内の動向がじつによくわかる」と彼は言う。

事業所長がバースデーカードをクレーンの操縦席まで届けたりしたら、ほとんどの企業ではばかげていると思われ、多くの社員が疑いと冷笑の混じった反応を見せるだろう。だがマイクの行動は好意的に受け止められている。この男は傲慢な態度で人を見下ろすマネジャーではない。多忙で多くの責任を負いながらも広く気をくばり、あなたの持ち場が工場のどこだろうと、わざわざ見つけて話しかけ、そこにいることへの感謝の念を伝えてくれる同僚なのだ。

平等と自由がやる気を生む

本物の平等があれば、本物のアドレナリンと本物の努力が生まれる。それは美しい光景である。うちの社員なら爽快な経験だと言うだろう。

ニューコアの製鋼所で、もし連続鋳造機の凝固シェルが破れて溶鋼が流出したら、付近にいる全員——部長、監督、時間給従業員——が駆けつけて騒然となる。混乱しているわけではないが、誰がボスなのかは見分けがつきにくい。荒々しい声が飛び交い（「おい、こっちに来てくれ！」「ジョニー、そっちの端をつかむんだ！」）、マネジメント階層における地位などおかまいなしになるからだ。差し迫った事態では、もめている暇などない。務めを果たすことで手いっぱいだ。やまれだ。ただ、口調は切迫していても取り乱してはいない。口論になることはがてトラブルが収まると、もっとも熟練した電気技術者も、当然とばかりにシャベルやほうきを手にし、一緒に後片づけをする。

完璧ではないとしても、従業員たちは少しでもチャンスを与えられれば発奮してなすべきことを果たす。働く人たちのこうした倫理観と能力に対する私の信頼は、キャリアのはるか昔に起源がある。

ヴァルクラフトの仕事を引き受けるまえ、私はニュージャージー州リトル・フェリーにあるコースト・メタルズ社の鋳造所の取締役副社長だった。そこでは航空機用の金属鋳造品をつくっていて、工場の壁にはセミヌードの女性のポスターが何枚か貼ってあった。車の修理工場でよく見かけるたぐいのものだ。ポスターは何年もまえからそこにあって、苦情を受けたことは一度もなかった。だが私の仕事のひとつは、最大の得意先であるプラット&ホイットニー社からの検査員を案内して施設をまわることであり、そうしたポスターは職場にふさわしくないように感じられた。そこで工場の作業員たちに、はがしてくれないかと頼んでみた。

彼らはかんかんになった。「このポスターはずっとまえからあるのに、いまになっていきなりはがせとはどういうわけです？」。私は彼らを責めなかった。工場は彼らの場所だ。それを変えろと言われていい気分はしないだろう。しばらく不満をぶちまけてもらい、それから、なぜポスターをはがしてもらいたいのかを説明した。私がただ威張りちらしたいわけではないことを彼らはわかってくれた。そしてひとりが提案した。「ポスターは工具ロッカーのなかに移したらどうですかね、そこならお客さんから見えないでしょう？」。それなら私もかまわない。こうして問題は解決した。誰も譲歩しなくてすんだし、恨みをいだく者もいなかった。

わが国の平均的な従業員は、大半の経営者が考えているよりずっと賢い。業績を向上させるための答えを本気で求めているのなら、その事業の実際の仕事をしている人間に訊くべきだ。それだけでいい。現場の社員たちが物事を改善する能力に舌を巻くはずだ。

たとえば、ニューコア・ヤマトの配送担当者たちは、会社の購入する貨物トレーラー（一台約三万五〇〇〇ドル）が、工場で製造される大きなI型鋼を鉄道の引込み線やトラクター発着場、船着場まで運ぶのには最適でないと判断した。そこで彼らは独自にトレーラーを設計して組み立てた。手近な材料を用いて、車輪部以外のすべてを製造したのである。

ヒックマンにある工場の熱延担当部長、デイヴ・チェイスの話が言い得て妙だ。「この工場に来た人は、とてつもないトン数を生産する設備を見て、『うちにもあの機械を入れることにしよう』と言います。私は『いいお考えですね』とは言いますが、こうつけくわえるんですよ。『でもお伝えしておきますが、あれだけの鋼鉄をつくっているのは機械ではありません。人間ですよ』」

人はイニシアチブを発揮するチャンス、みずからの人生を方向づけ、運命を制御するチャンスを大事にするものだ。われわれは事務職の人たちにもそうした機会を提供し、効果をあげている。

たとえば、受付の女性が子どもを学校に送ってから八時までにデスクにつくのが困難だとする。彼女はまず同僚たちに相談する。すると同僚たちは十中八九、彼女の穴を埋める方法であれ何であれ、問題の解決策を見つける。管理職がかかわる必要はめったにない。

ニューコアの社員にこの会社で働くことを選んだ理由を尋ねると、「自由」という言葉が返ってくることが多い。「われわれこそ会社なんです。上級管理職よりもこっちが会社の運命を握ってるというのが、私の考えですよ」と語るのはボビー・ハンナ。ヒックマン工場で時間給従業員からたたきあげた保安担当部長だ。「何か変わったことを試しても、物事がうまく運ぶようにと考えてのことなら罰点にはならない。罰点になるのは、何もやろうとしないときです」

私の場合、自由を求めずにいられないのはどうやら遺伝のようだ。子どものころにはすでにこうだったという自覚がある。

祖父は冒険家で、若い時分はアメリカ西部を放浪していた。一八九八年にイェローストーン国立公園で陸軍を除隊した。父も少々西部をさすらっていた。イェローストーンの製材所で働き、モンタナ州の土地に入植したのち、イリノイ州に戻って当時のルイス工業学校（現イリノイ工科大学）で電気工学の学位を取得している。その後、ウェスタン・エレクトリック社の設備管理者となり、ミシシッピ川以西の全施設の責任者を務めた。シカゴまでは、同じイリノイ州のダウナーズ・グローヴから毎日列車で通勤していた。そこが私の育った小さな町である。

夏になると父は、だいたい一年おきに、母と兄と私を車（一九二七年型のビュイック）に乗せて、西にあるモンタナ州の古い入植地に向かった。私たちは父が郡に寄贈した土地に建つ小さな校舎に寝泊まりし、〝ビッグ・スカイ〟と呼ばれるこの州で、一週間ほどハイキングやキャンプをしてすごした。父はその入植地を私に遺してくれた。あれだけ広々とした空間にいると、自分はたいした人間だなどと思いあがってはいられない。

企業の成功は文化で決まる

よくこんなことを訊かれる。「ニューコアの成功の要因とは何でしょうか？」。私が用意している答えはこうだ。「文化が七〇パーセント、テクノロジーが三〇パーセントです」。じつは八〇対二〇か六〇対四〇なのかもしれないが、とにかく企業としての成功の半分以上はわが社の文化によるものだと確信している。

平等、自由、相互の敬意が、意欲《モチベーション》をかきたて、自発性《イニシアチブ》を刺激し、継続的な改善を促進させる。間違いなく、ニューコアの文化は競争上の優位をもたらす最大の要因であり、それは今後も変わらない。

むろん、競争上の優位を生み出す文化を築く機会は、どの会社にもある。だがその機会を活かす会社は驚くほど少ない。理由のひとつは、おそらく、文化が本当に根づくには一貫性が求められるからだ。

それは、形成したい文化を本気で信じることからはじまる。ニューコアが拠りどころとする原則はじつに基本的で、素朴にも思えるほどだ。われわれは「自分がそうしてほしいと思うやり方で相手に接するべきだ」と信じている。それがわが社の礎石だ。単純すぎると思われるだろうが、これでうまくいっている。

ただし、こうした文化を維持するのが簡単だと考えてはいけない。〝われわれ〟と〝彼ら〟を対立的にとらえるという人間の最悪の習性と戦うには、日々の注意が必要だ。

多くの重役はその戦いに踏み切らない。現場から離れたオフィスにこもり、従業員との距離を保つ。その距離から生まれるのは傲慢さだ。

わが社では基本的に、上層の管理職は自身の管理する職場で日々をすごすことになっている。それによって職場の気風が決まる。ニューコアの事業所長は毎日、会社のよい面、悪い面、醜い面を見る。痛みと喜びを感じる。事業を進めるために社員たちが実際にどんなことをしているかを見る。だから頭でっかちにはならない。「会社に仕えるためだ」と言いながらリムジンに乗りこむ重役とは違う。そういう重役たちは嘘をついているわけではない。彼らも本気で平等を支持しているつもりなのだろう。ただ周囲と交わらず、エゴが肥大化するあまり、他者に対等に接するとはどういうことかを見失っているのだ。

われわれがニューコアで育んできたような文化を築き、われわれが結果として身につけた競争力を獲得したいと真剣に願う管理職や重役たちのために、私からアドバイスを送ろう。

会社の一部となれ。会社より自分を優先してはならない。

4 進歩は従業員から生まれる

会社の功績は社員の功績

「私が働きはじめたころ、ここでつくれた鉄は一日に三〇トンくらいじゃなかったかな。それも調子がいい日でね」とベニー・ゲイニーは振り返る。彼は一九六九年にタバコ畑を去り、サウスカロライナ州ダーリントンのニューコア・スチールに職を得た。「あのころ、一時間で一、〇〇〇トンを、それもこの工場でつくれるようになるなんて言われたら、笑い飛ばしてただろうよ。ところがいまじゃまさにそれができてるんだ」。ベニーは信じられないとばかりに首を振る。「そんなこんなを見て思うのは、ここでは何だってできそうだってこと。限界なんてないと思うね」

ティモシー・パターソンは、アーカンソー州ブライスヴィルのニューコア・ヤマト・スチールで働く二三歳のエンジニアだ。大学生のころから夏になるとこの製鋼所で働き、勝手を知っている彼は、アイデアが浮かぶと人に話さずにいられない。「それが、ほかじゃなくてここのエンジニアになりたいと思った理由のひとつです」とティムは言う。「なかにはいまだに僕を小さい弟みたいに扱う人もいる。でもいつも耳を傾けてくれるんです、僕みたいな青二才の言葉にもね」

いい話だ。昨年ティムは、ニューコア・ヤマトの圧延ラインを下から支えるネジの油差しや管理に年間約一五〇万ドルかかっていると算出した。そして、シム（金属製の楔《くさび》）を使えば注油は不要になり、このライン用にメーカーが設計したネジよりうまく機能するだろうと指摘した。じつに賢明な提案だった。おかげで機械の休止時間が大幅に短縮され、保守費を年間一〇〇万ドル以上節約できている。

クローフォーズヴィルの工場では、クレーン運転士のカルヴィン・スティーヴンズが空気ポンプの配置に取り組んできた。ポンプを緩衝装置として、薄板が圧延機から切断機へ移動する際に中央からずれないようにするためだ。「作業を少しスピードアップさせるだけなんですが」と彼は言う。「薄板コイル一本を仕上げるのに六、七秒は節約できるでしょう。一年つづければ相当な時間の節約になって、同じ資源から生産できる製品が増えるはずです」

この三つのエピソードを紹介したのは、多少なりとも誤解をといておきたいからだ。たとえば以下のことはこれまで私個人の功績とされてきた――ミニミルによる商業的な発展が可能だと実証したこと、日本の大和工業との合弁会社の成功、クローフォーズヴィルの工場で画期的な薄スラブ鋳造技術を実現したこと。

とんだ勘違いだ。

すべては、日々ダーリントンで鋳型の改良に励んだベニー・ゲイニーや、もとより順調なニューコア・ヤマトでさらに改善すべき点を見つけ出したティム・パターソン、作業工程のうちの数秒をそぎ落とす方法を探しつづけるカルヴィン・スティーヴンズのような人たちのおかげである。彼らがやったのだ。

むろん、この三人だけではない。ニューコアが成し遂げてきたことのほとんどは、社内のそこかしこにいる数百、数千という人たちの功績とするのがふさわしい。

誰もがある程度はそのことをわかっている。だが、『フォーチュン』『ビジネスウィーク』『インダストリー・ウィーク』といった雑誌が、ベニーやティム、カルヴィンのインタビューをとろうとすることはない。記者たちが取材するのはボスだ。そんなわけで、記事では結局、会社の業績はその会社の目標を設定した一握りの人間によるものとされ、実際にその目標を達成した人たちにはほとんどふれられない。

たしかに、経済記者としては、会社が成長して利益をあげている理由を突き止めるために二

○○○人の社員にインタビューするわけにはいくまい。だが、かといってCEOたちを名士に仕立てる必要があるだろうか？　もしビジネス誌の流儀でスポーツライターがケンタッキー・ダービーを取材したら、私たちは名馬セクレタリアトのことを知らず、『スポーツ・イラストレイテッド』の表紙には首に大きな花輪をかけた馬主が載っているだろう。

歴史家がやっていることも似たようなものだ。子どものころ、私たちは「アンドリュー・カーネギーが鉄鋼業を築いた」とか「ヘンリー・フォードが自動車産業を築いた」などと習った。たしかにカーネギーもフォードも偉大だったが、どんなに偉大な人物にせよ、ひとりの個人が産業を「築いた」などと言うのは、たわごとでしかない。経営者にできるのはせいぜい、従業員が会社の目標を達成できるような環境を用意することである。

経営者の陥りがちなワナ

あなたは『フォーチュン』の表紙を飾ったことはないかもしれないが、社会が企業の幹部にむやみに高い評価を与えるせいで、視点がゆがんでいる可能性はある。企業を成功に導くのは経営幹部だと言われつづけるうちに、自分もその友愛会の一員だというだけで、尊大さを身にまとっているかもしれない。自分の仕事を過大評価しているかもしれない。部下に頼りきっているという事実を忘れる誘惑に駆られるわけだ。

実際、多くの経営者がすでにそれを忘れているように思える。そうでなければ、従業員に対する彼らの態度は説明がつかない。

アメリカじゅうのあらゆるマネジメント階層に、情報を共有するどころか、自分のために働いてくれる人々に注意を払おうとさえしないマネジャーがいる。例外は社員の行動を正したり批判したりするときだけだ。彼らが腰を低くして社員に助言を求めたり、大事な仕事を一任したり、マネジャー自身にもできなかった仕事を成し遂げるようハッパをかけたりすることはまずない。

そんな経営者や管理者の下で働く人が、自分を重要な存在だと感じられるだろうか？　自分という人間や自分の能力を経営陣が知っていると思えるだろうか？　その企業に何か変化を起こすチャンスがあると信じられるだろうか？　何より、そうした変化を起こす努力をいつまでつづけられるだろうか？

そのとおり、私は素人なりに心理学を活用している。すべての経営者はちょっとした心理学者であるべきだ。人が何に刺激され、何を望み、何を必要としているかを理解したほうがいい。人が望むもの、必要とするものの多くは潜在意識に隠れている。

私は、多くの人が従業員として望むのは何よりもまず、自分という人間を理解してもらうことだと知った。彼らは、かけがえのないひとりの人間――計り知れない可能性を秘めた存在

――として認めてもらいたい。ところが往々にして、経営者は従業員を怠け者扱いする。多くの社員が仕事に疎外感をいだくのも当然だろう。勤務時間中の彼らはまるでゾンビだ――無気力で、うつろな顔をし、終業時間になって生き返れるのを待っている。

一方、ほとんどの経営者や管理職は社員との接し方について、自分で認める以上に（あるいは気づいている以上に）悩んでいる。社員も結局は人間であり、人間というのは複雑で扱いにくく、予測がつかない。

社員に率直な意見を求め、重要な意思決定をまかせ、大きな責任を引き受けるように促したら、どうなるだろう？　自分本位で偏狭で権威主義的にふるまうマネジャーほど、心のどこかで権威の土台の危うさを感じているのではないか。彼らは見当違いな支配をつづけようとして、みずからのいだく社員像を、「ものを考える人間」から、もっとちっぽけな怖くないものに格下げする。社員というのは「全体像が見えない」から「何が重要かわからない」のだと自分に言い聞かせる。そして情報を秘匿して、その予言をみずから実現するのだ。

それだけならまだしも、経営者や管理職は自分のエゴで隙間を埋めてしまうことも少なくない。すなわち業務の「頭脳」となって、あらゆる分析、問題解決、意思決定の責任を引き受けようとする。社員には、自分たちが具体的に要求することしかさせない。

これでは災厄を招いてもおかしくない。経営者や管理職ではなく、従業員こそが進歩の原動《エンジ》力なのだ。彼らのギアを二速に入れたままなら、会社の業績は、とりわけ長期的に見た場合には実力を下まわるだろう。まさにこれが、程度の差こそあれ、現在数多くの企業で起きている事態にちがいない。

では、解決策は何か？　経営側と社員のグループセラピーだろうか？　いや、もっと単純なことだ。少しまえに私が投げかけた問いに立ち返るだけでいい――社員に率直な意見を求め、重要な意思決定をまかせ、大きな責任を引き受けるように促したら、どんな結果になるか？ ただし今度は、不安なあまり混乱した情景を思い浮かべないように。この問いを託すべき相手は、あなたの好奇心、あなたのなかの「空想家」だ。社員たちが目標、そう、あなたが設定した目標を大いなる熱意で追求する姿を思い描こう。彼らが素晴らしい成果をあげ、あなたを「できる上司」に見せてくれるところを想像しよう。物事の明るい面に意識を集中すると実際にどれだけ状況が好転するか、あなたも知りたいはずだ。

なぜ「職場環境」を重視するのか――◉

一九六〇年代のはじめにニュージャージー州リトル・フェリーのコースト・メタルズ社で事業所長を務めていたとき、私はまさに状況が劇的に好転するのを目の当たりにした。

ある日の午後、溶接棒を研磨する作業場が薄暗かったため、私は電気技師をつかまえてこう告げた。「ここを明るくしよう。この部屋の照明を六〇ルーメンにしてくれ」

二週間後、電気技師が私のオフィスに顔を見せた。「新しい照明の準備ができましたよ。点灯するのを見にきますよね？」。ひどく興奮した様子だった。断れるわけがない。

ちょうど勤務時間中で、作業場はあわただしく働く社員でいっぱい。戸口に立つわれわれに気づく者はいなかった。「いいですか？」と電気技師が期待に両手をすりあわせながら尋ねた。「ああ、いいとも。やってくれ」と私。芝居がかった仕草で手を伸ばし、技師は新たに設置された四つのスイッチをひとつずつ入れていった。

照明がともった瞬間、作業場の何もかもがぴたりと止まった。二、三人の作業員が目をしばたたいて首を振る。まるで思いがけず中世の地下牢から解放された囚人のようだ。ほとんどの者は笑顔を見せている。

部屋の様子は一変した。職場が社員の心の状態を左右するのはわかっていたつもりだが、ここまでがらりと変わるのは見たことがなかった。技師は英雄気取りで両手を腰に当てて立っている。無理もない。

驚くべきことが起こったのはそのときだ。ひとりの社員があたりを見まわしたかと思うと、散らかったゴミに気づき、ほうきを手にして掃除をはじめたのだ。われわれは図らずも、社員にすすんで床掃除をさせることになった。この手の仕事を言いつけられたら、たいていの人はむっとする。この社員も手がふさがっていると断るか、掃除をしたとしても不承不承だっただろう。ところが、職場環境が改善されたとき、この人物が最初に見せた反応はまさに、もし命じられていたら抵抗したはずのことだった。こんなに簡単にうまくいくものだろうか？

一面では、そうなのだ。照明を明るくすると生産性が上がることは何年もまえに研究によって証明されている。その研究はさらに広く、職場環境が業績に大きな影響をおよぼしうることも示している。

私の経験からいって、改善したい、達成したい、貢献したいという欲求は、万人に共通している。もとから無感動な社員などほとんどいない。ただ、環境によって無感動になるよう条件づけられることはある（大企業で働く人たちを観察すれば、証拠はいくらでも見つかるだろう）。

強調しておきたいのは、ここでいう「環境」とは人々が働く物理的な世界はもちろん、文化的な世界も指すことだ。周囲の考え方、意識、前提なども物理的条件と同じくらい、いや、しばしばそれ以上に重要になる。

ところが、あきれたことに、物理的にしろ文化的にしろ、環境の役割についてじっくり考える経営者はじつに少ない。

そもそも、職場環境の形成は経営者の責任として広く認識されているはずだ。環境が自発性《イニシアチブ》や革新性《イノベーション》、意欲《モチベーション》、チームワークを抑圧しているなら、そうした要素が促進されるように設計しなおすべきだ。

それなのに、多くの経営者は自分のことばかり考え、環境の影響力には目もくれない。私の考えでは、経営者は明けても暮れても職場環境を手直しし、条件が整った場合に従業員に何ができるか、何をするようになるかを知るべきだ。私は管理職としてのキャリアを通じて、従業員とは想像力と活力に富んだ複雑な人間であることを痛感し、そんな彼らの力をもっと引き出すには何を変えたらいいのかを突き止めようとしてきた。これは一種の進行型の実験だ。やってみると興味深いし得るところも多い。

たとえば、コースト・メタルズ時代のことだが、航空機の組み立て用に製造していた鋳造部品の不合格品があまりに多くなったことがある。こんなとき、ふつうは経営陣が不良品について社員に注意を促し、仕事の質を向上させるために具体的な指示を与えるだろう。

だが、このときは、作業長と私が大きな赤いベンチを鋳造所の中央に運び、一日ぶんの不合格品を積みあげた。そしてそのまま置いておき、それぞれ自分の仕事に戻った。社員の何人かが、いったい何事かと様子を見にやってきた。そして不合格品を調べ、なぜ仕様《スペック》に合わないのかを話し合いはじめ、まもなく、大半は鋳造上のミスが原因だという結論に達した。つまり避けられる過失ということだ。つづいて彼らは不合格率を下げる方法についてアイデアを交換しはじめ、やがて目的を達成したのだが、その間、作業長や私は一言も口を挟まなかった。六週間ほどたつころには、赤いベンチ行きの部品はほとんどなくなっていた。

われわれがやったのは、深刻なミスが起きていることに注意を促し、はっきり知らしめたことだけだ。こうしろと指示を出すのは控えておいた。ひょっとすると社員は経営陣より優れた解決策を考え出すかもしれないと思ったからだ。こんなことをする経営陣はそうそういないだろう。

ニューコアでは、社員たちはこうした実験に意識的に参加している。わが社に忠実な者のほとんどは人間の可能性――自分の可能性とまわりの同僚たちの可能性に魅了されている。彼らが強い刺激を受けるのは「環境」であり、「職務記述書」にはとらわれない。

「ここに第二の圧延工場を設置すると決まったとき、その工場の設計と施工の調整役に指名されましてね」。ニューコア・ヤマトの製鋼工場の監督、グレッグ・マティスは語る。「何に首を突っこもうとしているのか見当もつかなかった。何もかもが私の肩にのしかかってきて――計画、エンジニアリング、契約、予算……つまり、これは何百万ドルもの投資で、その全部の責任を負ったわけです。そんなにでかいことは引き受けたことがなかった。それでもうまくいったのは、何をしたらいいかわかっている優秀な建設業者と仕事をしたからだし、うちのチームと私は最初の製鋼工場をまわしてきた経験から、何をしたらいけないかわかっていたからです。

いくらエンジニアたちがいいと思っても、こっちにとって悩みの種になりそうなものは全部食い止めることができましたよ」

ニューコアの社員は、経営陣が職場環境の実験をするのも、大きな課題を投げかけてくるのも、じつは社員のためにやっていると理解している。われわれは新しい可能性を探ることで、社員による改革や達成を後押ししている。すると、たいていそのとおりに事が運ぶ。社員が進歩のエンジンとなるのだ。

「私から『おい、名案が浮かんだぞ』などと持ちかけることはまずありません」と言うのは、クローフォーズヴィルの冷延担当部長、ケビン・ヤングだ。「うちで実現した改善点はほぼすべてがオペレーターやその監督の発案によるものです。われわれはそれが実行できるようにするだけですよ」

なかなかひねりが効いている。責任の大部分を部下に委譲し、社員が自力で答えを見つけられるような職場環境の形成に専念し、自分はかならずしもすべてを把握していないと認めることで、経営陣はボス風を吹かした場合よりも大きな信頼と権威を得るのだから。

本気で社員を活かしたいなら——◉

人は、ボス然とした振る舞い方を、一夜にしてニューコア流のやり方に切り換えられるものだろうか？　おそらく無理だろう。まずは、そこにどういう障害が待ち受けているかをしっかり見据えなくてはならない。

今日の企業の大半は指揮統制型組織としてつくられた。たとえば、大手一貫製鉄所の創立者たちの考えには、組織の独創性は経営陣に存在するという明確な前提があった。そのため従業員は、トップにいる少数の人間がきっちり定めた役割にしばられてきた。実際、ほとんどの企業では指揮統制式思考があまりに長く定着しているため、従業員の独創性を引き出すのは簡単ではない。

それに対しニューコアでは、組織の独創性の多くは仕事をする人たちのなかに存在するという前提に立っている。当初よりわれわれは、一見無理と思える目標を達成する道筋を、従業員が経営陣に示せるような会社をつくってきた。* そのほうが、ここまで述べてきたやり方で経営するのが容易になるし、より着実に利益が得られるからだ。

いまでは、ニューコア流の経営がしやすい方向に進もうとしている企業も少なくない。ビジ

＊従業員にこそ独創性があるというわれわれの考えを証明する強力な証拠がある。順調な一貫製鉄所は、従業員一人あたり年間約七〇〇トンの鉄鋼を一トンあたり約一〇〇ドルの人件費で生産するのに対し、ニューコアのミニミルは、一人あたり年間約二〇〇〇トンの鉄鋼を一トンあたりおよそ四〇ドルの人件費で生産する。経験からいって、従業員に決定権をゆだねれば、彼らは生産性を高めることができるのだ。

ネス界のリーダーたちは、従業員という資源がまるで活かされていないとの認識を強めている。重役たちからそんな言葉を聞くこともよくある。数字で見れば、米国の企業は年間五五〇億ドル以上を人材の開発や訓練に投じている。そこからわかるのは、いまや企業全般が従業員の能力をもっと活用するチャンスの到来を感じているということだ。

ただ、そのチャンスをどのように追求すべきかについては、ほとんどの企業がわかっていないように見える。多くの企業が流行の経営法やQCサークル、リエンジニアリング、組織再編、ビジョン・ステートメントの作成などに莫大な資金をつぎこみ、効率、生産性、柔軟性を向上させようとしてきたが、成果があったかどうかは疑わしい。失望と幻滅が広がり、数多くの計画が投げ出された。

いまのままでは事態はたいして好転しないだろう。だが、そうした企業が経営についていだいている、つぎのような根本的な考え方を見直せば、話は変わってくる。「経営者が企業の成功のカギを握っている」「経営者は事業のブレーンだ」「経営者は企業を指揮し、統制し、細部まで管理しなければならない」。企業が社員の本当の能力を知りたいのなら、こうした根本的な部分から変えなくてはならない。

管理職に求められる6つの変化――◉

つぎの世代の上級管理職はいまの世代よりも有意義な変化を推し進められるかもしれない。あなたもそのひとりになれるだろうか？　おそらくなれる。だが、そのためには何が必要かを理解しておかなくてはならない。

いまの地位で優秀だとしても、それだけでは十分ではない。トップの職務にふさわしいことを示すには、建設的なやり方で会社をかきまわす必要がある。状況が変わったら会社がどうなるかを思い描こう。いままでとは別のやり方はどうかと周囲に語りかけてみよう。経営や管理の方法を一夜にして変えるのは無理かもしれないが、変化を提唱することはできるはずだ。

どんな変化を提唱したらいいのか？　私にも未来は見えない。だが、社員の能力をきわめて高いレベルまで引き出せる企業がますます有利になるのは確実だ。

たとえば、指揮統制型マネジメントは社員が大きな貢献をする妨げになるのだと、周囲に気づかせることもできるだろう。社員にもっと多くの情報を広めることの意義を説き、アイデアを生み出す社員の責任や意思決定の権限を大きくするよう提唱するのもいい。社員を進歩のエンジンとするためには何が必要かを会社に提案するのも役に立つ。

以下、必要なことをいくつか挙げてみよう。

①ふさわしい人材を選ぶ。

社員の誰もが困難な仕事をしたがるわけではないし、全管理職がすすんで社員に権限をゆだねるわけでもない。したがって、会社の成功に対する社員の責任を大きくしたいのなら、採用や昇進候補者の審査をする際に、革新性、柔軟性、創造性、権限分割《パワーシェアリング》を実現する能力などを、明確な優先事項としなければならない。そのためには、候補者の選定方法を変える必要も出てくるだろう。

たとえば、ニューコアではシカゴのコンサルタント、ジョン・セレス博士の協力を得て、監督候補者用のテストを作成した。質問項目は雑多で、「野球の試合を見にいくのは好きですか?」とか「夜は何時間眠りたいですか?」といった一見的はずれに思えるものも多い。だが、候補者の回答からはかなりの確度でニューコアの監督として成功するかどうかがわかる。

②管理職の時間の配分を見直す。

管理職は一般に、話を聞いたり実験や分析をするよりも、計画や指導、精査などに多くの時間をかける。社員を進歩のエンジンとするために、あなたの会社の管理職はこの割合を逆転しなければならない。

③社員がみずから成長できるようにする。

社員がより多くの責任を引き受けるのに伴い、経営陣は彼らが成長する機会を増やし、自由度を大きくしなければならない。

ニューコアでは、ほぼ全社員が複数の仕事をこなせるように横断的訓練《クロストレーニング》を受ける。彼らは能力を伸ばす機会――訓練、新規プロジェクトへの取り組み、他施設への派遣など――を見つけた場合、その機会を活かせるように管理職から協力を得られることになっている。

④社員に情報を提供する。

事業の成功に対する主な責任を社員に負わせれば、社員はもっと情報を出すよう求めてくる。いたって当然のことだ。彼らには情報が必要である。情報に関するニューコアの公式の方針は、「すべて共有する」だ。

より多くの情報を社員に広めることや、その情報を使って社員が進歩のエンジンとなることへの協力を広く提唱するとよい。

⑤テクノロジーへの投資は社員にまかせる。

どのテクノロジーが投資に値するかを判断する際、あなたの会社の上級管理職はほとんどの決定を社員にまかせる覚悟があるだろうか？　よろしい、ではそろそろ覚悟を決めてもらおう。いずれにせよ、これはニューコアの成功に不可欠な要素だ。

たいていの人はいまだに、鉄鋼業は古くさい斜陽産業だと思っている。だが、わが社の工場のなかを歩けば、毎秒数百の微調整をするコンピュータ制御の複雑な製鋼・圧延システムが目にはいるだろう。寸法は千分の一インチ単位でレーザーで計測される。顧客定義のとてつもなく厳しいスペックに合わせた特注品もある。そうしたテクノロジーの大半を探し出し、選んだのは工場の社員たちである。

そうするしかないのだ。競争力を維持する重荷を社員に負わせる以上、入手できる最高の機器を提供する義務がある。また、テクノロジーの進歩はあまりに速く、あまりに多方面にわたるため、少数の役員がつねに事情に通じているのは不可能だろう。どの機器が最高かの判断は社員にまかせ、その決定の責任も引き受けさせなければならない。

⑥合併と買収は社員の視点から検討する。

新規ビジネスに飛びつき、企業買収に走る企業は少なくない。さらには、「適正比率」や「余剰の最小化」やら、(これが私のお気に入りだが)「戦略的相乗効果」などといった非常に疑わしい基準で合併を決めたりする。だからこそ、こうした活動の半分以上は失敗に終わるのだ(「戦略的相乗効果」は、私に言わせればたいがい「バランスシート相乗効果」でしかない)。いずれにせよ、社員にしてみれば、新規ビジネスや新たに合併した組織をどう運営したらいいか見当もつかない。おまけに、買収によって会社は必要な資源を奪われることさえある。

会社の成功を推し進めるために社員を頼りにするなら、大きな手を打つときは慎重に慎重を重ねなければならない。たとえば、買収は職場環境にどんな影響をおよぼすか? 社員の意欲、自発性、生産性を損ねはしないか? 資源を元手に経営トップの買い物熱を満たしたら、社員を困らせることにならないか？

　わが社は企業を買収したことはほとんどない。むしろ一から築きあげる。それでも重大な決定をすることは多々あって、そのような決定をするときは株主や顧客の視点はもちろん、社員の視点からも検討するように努めている。何をするにしても、社員にとって納得のいくようにしたい。事をうまく運ぶためには社員に頼らねばならないことはわかっているからだ。

　ボルト製造業に参入するという決定がそのいい例だ。一九八五年の時点で、ベスレヘム・スチール、アームコ・スチール、リパブリック・スチールといった大手鉄鋼メーカーは、ボルトおよびファスナー事業から撤退していた。原因は市場の不足ではない。自動車産業だけで年間二五〇億本以上のボルトを使用していた。問題はコストだった。ボルト製造から手を引いた会社が使っていたのは、五〇年前の製造技術と組合労働者だった。それでは価格面で輸入品に太刀打ちできない。

　わが社なら勝負できると考えた。これは鉄鋼ビジネスだ。鉄鋼製品を競争力のあるコストでつくりつつ、社員に最高水準の給料を支払うやり方なら知っている。経営陣がしっかり手配すれば社員も納得するだろう。こうしてわれわれはインディアナ州セントジョーでニューコア・ファスナー事業所を立ちあげ、最新のテクノロジー機器を設置した。旧態依然のメーカーが一人か二人の人間で一分間に五〇本のボルトをつくっていたのに対し、わが社は一人が四台の機械を操作して一分間に四〇〇本を生産した。まもなくセントジョーはかなりの利益をあげるようになった。それはいまもつづいている。

わが社の社員は、他社がしくじった分野で成功をおさめたのだ。これに驚いた人が大勢いたようだが、われわれにとっては少しも意外ではなかった。われわれは社員の視点からこのチャンスを見極めたのだから。

環境づくりに心をくだこう

現代のビジネスにおける痛烈な皮肉とは、責任を負担に感じる経営陣が多い反面、仕事からやりがいや充実感を得られない社員が数多くいることだ。

みんながもっと幸福になり、もっと繁栄するための道筋ははっきりしている。経営者や管理職ではなく社員こそ進歩のエンジンであると認め、管理職は社員がどんどん業績を伸ばせるような環境づくりにみずからのキャリアを捧げることだ。

職場環境を整えることは、むかしから管理職の責任の一部だとみなされてきたが、私の考え方では、それは管理職のもっとも重要な仕事だ。ニューコアの管理職は、社員にああしろこうしろとうるさく指示を出すのではなく、社員が自分と会社のために何ができるか、何をすべきかを自由に判断できる環境づくりに専念する。われわれよりも社員の出す答えのほうが会社の進歩を速めるとわかっているからだ。

管理職が時間とエネルギーを注ぐ方法として、これ以上のものがあるとは思えない。献身的にこの職務を果たす管理職は、天使のような存在だ。

社員は持てる力の探究と開発を支えてくれるあなたの努力に、心から感謝するだろう。顧客と投資家はあなたの部下の優れた業績を、ひいては、あなたの仕事ぶりを称えるだろう。そして最後に大事なこと。多くの人や多くの記事が、あなたや同僚の管理職たちをほめるだろう。たしかに、それは身にあまる光栄かもしれない。だが、悪いことではあるまい。

5 やる気を生む給料とは

従業員募集に長蛇の列

一九八五年の早春、サウスカロライナ州ダーリントンにあるニューコア・スチールは、地元の新聞に小さな広告を打った。「ニューコア・スチール社ダーリントン工場、従業員若干名募集。土曜日午前8：30より受付」。それだけだ。だが結果的には、こんな広告を出したも同然の状況になった。「ニューコア・スチール社ダーリントン工場で大型カラーTV若干数を差し上げます」

面接の朝、ダーリントンの事業所長は、工場に通じる道が車や小型トラックでふさがっている光景を目にした。八人の採用枠に、何百人もの屈強な男たちが応募してきたのだ。応募者の列は工場のまわりを半周していた。就職難の時代ではない。応募者の大半はすでによそで仕事をしているか、望めばその仕事に就けるかのどちらかだったろう。ところが彼らは土曜の朝にベッドからはい出て、三月の強い風のなか製鋼所の外に立っていた。なかなか厳しい週末の過ごし方だ。

二、三人でかたまって話をしている応募者もちらほらいたが、ほとんどはひとり物思いにふけっていた。痩せた小柄な男が、背すじを伸ばし、腕を脇につけて立っていた。その姿勢は忍耐強さをうかがわせたが、視線は待ち遠しげに列の先頭に向けられている。おそらく軍隊経験があるのだろう、待機するすべを心得ていた。

その少し後ろでは、まだ二〇歳にもならない若者が両手をジーンズのポケットに突っこみ、金網のフェンスにもたれていた。この若者にとっては待機の特訓といったところか。列の真ん中より後ろの男たちは、あと何時間も工場に入れない。だが彼らにはやるべきことがある。あきらめて帰ろうとする者はいなかった。

事業所長は、このままでは自分も人事担当者も工場に入れないと悟り、大通りに引き返してハイウェイ・パトロールに電話をかけた。「工場まで誰かよこしてくれませんか？　とんでもない人数が集まってしまったんですよ」

「なるべく早く誰か行かせます」と電話に出た警官は答えた。「ただ、今朝は人手不足でね。うちの署からも三人が応募に行ってるんです！」

業界最高の給与を払える理由――◉

製鋼所で働くことを、楽な仕事と呼ぶ人はそういないだろう。それなのにこれだけの人が職を求めて列をつくったのは、われわれがその地域のどこよりも高い賃金を得るチャンスを提供していたからだ。

ちょっとした秘密をお教えしよう。人が懸命に働くのは、たいがいお金のためなのだ。われわれが知るかぎり、人々の意欲をかきたてる要素は、煎じ詰めるとつぎの三つになる。①平均以上の収入を得る機会。②職の安定。③昇進のチャンス。「充実した訓練」や「清潔なトイレ」など、社員の動機づけリストに挙げられるものはおおむね忘れてかまわない。よい給料、職の安定、昇進のチャンスがなければ、ほかの条件にたいして意味はない。

本来、人がお金のために働くのは秘密でもなんでもないが、現実には秘密も同然になっている。それは、日々の動機づけに給料を活用している企業がほとんどないからだ。どこも賃金の予算をまず定めておき、その固定された金額で社員からできるだけ多くの労働を搾り取ろうとする。

こんなやり方で社員に多くを期待する理由がわからない。社員の視点から考えてみよう――毎日仕事に行くとき、それがいくらの稼ぎになるかはわかっている。極端な話、その額を手にするにはクビにさえならなければいい。懸命に働こうがほとんど働かずにいようが、もらえる額は同じだ。とすると、より懸命に、より賢く働くための日々の動機づけはどこにあるのか？

　ニューコアのＣＦＯ（最高財務責任者）、サム・シーゲルもこう主張している。経営者は不当に賃金の低い従業員をコスト、それも非常に高いコストとみなさなくてはならない。給料に不満がある社員はつねに仕事をサボるチャンスをうかがっているからだ。ボスの姿がなければ、こっそり居眠りする。くしゃみが欠勤の理由になる。

　ニューコアでは、一日の仕事に対して会社が社員にいくら払うことになるか前もってはわからない。上限がないのだ。一方、社員の側も、毎日仕事をはじめるときに、他社並みの賃金をもらえるという保証はない。生産労働者の基本給は通常、業界平均より低いからだ。

　ここでカギとなるのは、基本給は社員が稼げる金額の一部にすぎないということだ。ニューコアの生産労働者は基本給のほかに、週単位のボーナスも稼ぐことができる。ここ数年、わが社の製鋼所の週単位ボーナスは、低い場合で基本給の一〇〇パーセント、最高で二〇〇パーセントを超えている。つまり、工場の典型的な従業員は時間あたり八、九ドルの基本給に加えて、時間あたり一六ドル以上の生産ボーナスを稼げる可能性があるということだ。ちなみに、一九九六年のニューコアの生産労働者の平均収入は六万ドルを超えていた。彼らは業界一の高給取りだ。

週単位のボーナスを手にするために、社員はふたつのことをしなければならない。①チームで仕事をすること。②生産すること！

生産の基準量《ベースライン》は、共同でひとつの業務をおこなう二〇人ないし四〇人のグループごとに設定されている。生産が基準を上まわれば、この作業グループのメンバー全員にボーナスが支払われる仕組みだ。

わが社のある製鋼所の製鋼・鋳造グループを例にとってみよう。そこでは二〇～二五人の作業員がシフト勤務でスクラップを溶かし、ビレット（圧延されて棒鋼や山形鋼になるまえの半完成品）に鋳造している。ビレットの生産は明確な工程で、生産高を測定できる。

たとえば、生産のベースラインを一時間につき合格品のビレット五〇トンに設定し、ベースラインを超える一トンごとに基本給の四パーセントに相当するボーナスが支給されるとしよう。すると、グループが一週間に一時間あたり平均一〇〇トンを製造した場合、各メンバーは基本給の二〇〇パーセントのボーナスを受け取ることになる（四パーセント×ベースライン超えの五〇トン＝二〇〇パーセント）。二〇〇パーセントのボーナスは基本給とともに翌週木曜日に支払われる。

こうしたチームのベースラインには、現実的な数字を設定するよう配慮している。達成するにはある程度がんばらなくてはいけないが、確実に届く範囲のトン数だ。こちらとしても、チームにはボーナスの味をしめてもらいたい。一度経験すれば、かならずまた手に入れようと努力するからだ。

矯正機（顧客の要望に応じて山形鋼の曲がりなどを直す機械）担当のあるチームに対し、生産ボーナスのベースラインを一時間八トンからはじめたことをおぼえている。その機械の作業能力は一時間一〇トンだった。このチームは、大型のモーターを導入したり、山形鋼の機械への入れ方を変えたりして、研究と実験をつづけ、一年とたたないうちに、生産量を一時間二〇トンにまで上昇させた。なんと作業能力の二倍である。機械の能力を推計するエンジニアたちは、新たな計算式、すなわち生産高に応じた報酬を得る者が操作した場合の計算式を考えるべきだろう。

「大半の企業は一人あたりの生産量ばかりに目を向ける」と語るのは、フローレンスにあるヴァルクラフト事業所の所長ハム・ロットだ。「われわれの考えでは、肝心なのは製品に含まれる人件費の割合です。他社の二倍の給料を払っても、もっと稼げるというチャンスが動機となって生産が三倍に増えれば、コストは低くなる」

一九九六年、ニューコアの人件費（諸手当込み）は鉄鋼生産高一トンあたり四〇ドルを下まわっていた。これは大手鉄鋼メーカーのざっと半分である。それでもうちの社員のほうが高収入なのは、効率が高く、生産性も高いからだ。われわれが無理やりそうさせたわけではない。

明確なインセンティブのある報酬体系を築き、社員を自由にしただけだ。われわれは会社の競争力の維持を社員の創意工夫にまかせてきた。それで期待を裏切られたことはない。

「生産量に応じた」ボーナスがチームワークを高める――◉

ニューコアの給与体系で本当に素晴らしい点は、議論の必要がないということだろう。日々の生産量も、それに応じたボーナス支給額も公表されるため、社員は給料袋の封を切るまえからボーナス額を正確に知っている。審査はなし。交渉もなし。驚きもなしだ。

ニューコア流の生産ボーナス制度は、まずヴァルクラフト事業所で実施された。私がサウスカロライナ州フローレンスにあるその工場の運営をまかされた一九六二年のことだ。そこで効果があったため、この体系に磨きをかけ、新設の製鋼所を含むほかの事業所にも導入した。

初めて生産ボーナスが一〇〇パーセントを超えたとき、とんだ化け物をつくってしまったと思った記憶がある。ほかの多くの会社なら、経営者たちはこう洩らしたのではないか。「おいおい、わが社の体系は間違っていたようだ。変えないとまずいぞ」。そしてコンサルタントを招聘《しょうへい》してその取り決めの撤回を正当化するだろう。だが、わが社はそんなことはしない。長い年月のあいだに多少の修正はしたが、基本的な考え方は守り通している。

その考え方の要点はこうだ。会社は設備、訓練、そして福利厚生プログラムなどの基本的サポートを提供し、あとはグループにまかせる。したがって、各グループは自力で事業を営んでいるともいえる。作業グループがベースラインを超えるための独自の目標を立て、その目標を追求する独自の方法を編み出す。そういうやり方を牽引するのは、生産すればするほど収入が増えるという確かな事実のみだ。社員は会社とシンプルな利害関係をもっているわけだ。

成功している起業家がそうであるように、ニューコアの社員は熱心で精力的、そして仕事に対して真剣そのものだ。「シフトが二時にはじまるなら、一時か一時一五分には会社にいるべきだ。うちのチームではいちばん遅い人でも一時半には出てくるよ」と言うのはトニー・マイヤーズ。フローレンスの工場に勤務する従業員だ。

「機械の準備をして、どうしたら仕事がしっかり進むか話し合う。試合前のフットボールチームみたいなもんだよ。キックオフの時間にやってきたりしない。早めに着いて用意をする。開始の笛が吹かれたときには準備万端でなきゃ。稼ぐための時間は八時間。仕事を進めれば進めるほど、たくさん稼げるんだから」

鋼鉄のジョイストは工場や商業施設など各種の建築物を支える鉄骨の重要な部材だ。わが社では、特定のプロジェクト用のジョイストを建設技師から提示された仕様に合わせて生産する。この製造は特殊で、オートメーション化の選択肢が限定される。そこで必要となるのは、人々のチームワークだ。

ヴァルクラフト事業所のハム・ロット所長は、組み立て台と溶接ピッチ（トニー・マイヤーズが働く流れ工程内の隣り合った部署）を「アメリカにおける労働の見本」と呼んでいる。部分的に組み立てられたオープンウェブジョイストが、がたごととラインを流れてくると、組み立て担当の六人が素早く九メートル×一五メートルほどのフレームを台にのせ、山形鋼を所定の場所に据える。そしてチームの各自が確認しておいた図面の指示どおりに、特別注文の複雑な構造をつくっていく。一分とたたないうちに、ジョイストはラインを先に進む準備ができ、つぎの溶接ピッチでは八人のクルーが高度に同期された機械の触手のごとく一斉にジョイストにとりつく。保護面が装着され、トーチが白い炎を吐き出し、クルーは精密溶接をおこなう。スピードが命だが、正確でなければ何にもならない。

つぎの工程では品質検査が待ち受ける。溶接をしくじれば、そのジョイストは不合格となり、グループはボーナスをもらえない。

では監督はどうなのか？　「作業をはたから見ても、誰が監督なのかわからないだろうね」とトニーは言う。「監督もチームの一員なんだ。ボーナスだって分け合うし。責任者だからって大きな顔はしない。みんながもっと稼げるように物事を進めようとしてる。全員が同じことを目標にしてるんだ」

仕事をきちんと果たすことへのプレッシャーは強いが、それは経営陣からではなく同僚であるグループの仲間からくるものだ。

「溶接が遅れたり、へまをしたりすれば、全員にすぐわかる。するとみんなから叱られるよ」。トニーは語る。「会社はチームの新入りには九〇日の見習い期間を与えてるが、ひと月もすれば、そいつがやっていけるかどうかはわかる。最初は、こっちからいろいろ教えるんだ。知っておかなきゃいけないことを説明する。一生懸命鍛えてやるのは、そうすれば新入りの働きでみんなの稼ぎが増えるからさ。でも、そいつが役に立たなかったら、チームから追い出すよ。好きか嫌いかの問題じゃない。生活がかかってるからね。うまくやるか追い出されるか、ふたつにひとつなんだ」

「まえに聞いた話だと、ロバと馬にチームを組ませたら、馬がロバを働かせるらしい」とトニー。「おれは馬だよ。いちばん速いわけでも、いちばん優秀なわけでもない。でも、ラインのどこにふらっと行っても、そこの仕事のことを知っている。仕事をしながら話だってできる」とつづけて、にやりとする。

「馬になりたかったら、そういうことができなきゃいけない。ほかにも多少はしゃべる連中がいるけど、ふつうは黙っている。集中してるんだ。おれは彼らに怒鳴ったりするし、怒鳴り返されることもある。でも頭にきてるわけじゃあない。みんな金を稼ごうとしてるんだ。シフトが終わったら、そのへんに腰をおろして笑い話にするだけさ」

保守担当者も、チームのほかの面々と同じように生産ボーナスに預かる。保守担当と生産担当がこれほど緊密に協力する製造工場は、世界のどこにも見つかるまい。

「われわれの目標は、毎週、生産担当者たちができるだけ多く稼げるように支援することです。そうすれば、こちらも上限まで稼ぐことになりますから」と語るのは、ニューコア・スチール、ダーリントン工場の保守担当部長、ジェイク・シュミットだ。「これは逆からも言えますよ」とジェイクは言い添える。「保守担当だけじゃなく、この工場の全員が機械を順調に動かしつづけることに明確なインセンティブをもっているんです」

ニューコアのエンジニア、秘書、事務員、受付、その他の非生産系社員には、各事業所の総資産利益率に応じた独自のボーナス制度がある。これによって促されるのは、仕事の効率化、事業所と顧客との強固な関係の確立と維持、生産部門の社員を支援する努力などだ。非生産系社員のボーナスは、基本給の二五パーセントに達する事業所もあれば、十分な利益をあげられずにゼロになる事業所もある。

各事業所の主要業務に責任を負う六人ないし八人の部長も、主に事業所の売り上げ（厳密には総資産利益率）への貢献度に基づく年間インセンティブボーナスと、会社全体の業績に応じた若干のボーナスが支給される。ボーナス額は最大で基本給の八二パーセントだが、一部の事業所の部長は数年にわたって、まったくボーナスを受け取っていない。

役員報酬をどう考えるか ◉

ニューコアの役員の基本給は通常、製造業で同様の地位にある重役の給与の七五パーセントしかない。残りの報酬は、生産ボーナスと同じく、完全にリスクつきの変動制だ。そのボーナス報酬額は株主資本利益率――大半の株主が注視する重要な業績の指標によって決まる。わが社では、投資家に還元される収益が増えれば増えるほど、役員の収入も増えるのだ。

フォーチュン500企業の株主資本利益率は、平均すると約一一～一二パーセントだが、わが社の役員ボーナスは株主資本利益率が八パーセント以上で支給される。上限は二四パーセント。その場合は、ボーナスとして基本給の約二〇〇パーセントを現金で、基本給の一〇〇パーセントを株で受け取る。過去二〇年のあいだに上限に届いたことは三、四回あったが、役員がまったくボーナスを支給されないことも三、四回あった。

今日、ほとんどの大企業の役員報酬は常軌を逸したものになっている。会社が儲かっているときに少数の人間がぶんどる金額のことだけではない。それ以上に困惑するのは、役員が権力を濫用して保身に走っていることだ。

彼らは会社が損を出しているときでも多額のボーナスと昇給を手放そうとしない。自分の報酬は「会社の目標に直結している」と主張するが、ただの戯言《ざれごと》だ。それが本当なら、会社の目標は「何が何でも重役に大金を払え」ということになる。
私はひとりの株主として、利益は事業に還元すべきだと考える。資金が必要なのは役員より会社だからだ。それに、業績の下降に面と向き合えば、役員は業績を上昇させるのに専念するにちがいない。

報酬体系を改善するカギ――●

この章ではかなりの部分をニューコア式の報酬体系の説明に割いてきた。それもまた、わが社の成功のきわめて肝要な要素だと思うからだ。さあ、ここからはあなたの会社の話をしよう。ひょっとしたら、あなたの会社では製鋼やスチールジョイストの組み立てとはまったく違う仕事をしていて、ニューコア型の生産ボーナスは採用できないかもしれない。また、社員に収入とは別の優先事項があるかもしれない。その場合、あなたの会社には報酬をもっと大きな動機づけにする方法はないのだろうか？　これは、少なくとも検討する価値のある課題ではないか？

あなたはこう考えているかもしれない。「会長だからそんなに簡単に言えるんですよ。私はただの中間管理職です。会社の報酬体系をどう思うかなんて、私に訊く人はいやしない」。はて、訊かれるまで待っていろと誰が言ったのだろう？　ときには牛の角をつかむような難題に挑まなければ、私の知るいい管理職にはなれない。中間管理職ひとりの手には負えないほど大きい牛だとしてもだ。

たいていの会社には、日ごろから現状に疑問をいだいている重役が二、三人はいるものだ。そこからはじめよう。なにも十字軍よろしく彼らに食ってかからなくてもいい。会社の報酬体系を攻撃する必要もない。管理職として思慮深い質問を投げかければいいだけだ。

たとえば、こんなふうに切り出すといい。「われわれはこの事業の業績を向上させる方法を模索してきました。それで考えたのですが、社員の報酬体系を最後にじっくり見直したのはいつだったでしょう？　報酬の細部ではなく、その原則をです」

現行の報酬体系をどう思うかは別にして、重役はこう認めるだろう。「なかなかいい質問だ」

そうなったら一歩踏みこみ、いい質問をさらにぶつけることができる。よい管理職は、直接の管轄でない可能性についても熟考しなくてはならない。つまり、つねにビジネスについて研究しているはずだ。そこで、報酬についての賢い質問は、「考えたのですが」という言葉ではじまることになる。いくつか例を挙げよう。

「考えたのですが、報酬に呼応して、社員のやる気と生産性をもう少し高める方法がないものでしょうか？」

「考えたのですが、いま提供している収入で、どれくらいの社員が日々やりがいと意欲を感じているでしょうか？」

「考えたのですが、社員は日々のがんばりと報酬がきちんと連動していると感じているでしょうか？」

「考えたのですが、個人の生産性がはっきり測定できない場合、グループの生産性の明確な測定基準はつくれないものでしょうか？」

「考えたのですが、いまわれわれが起こそうとしている変化に較べて、わが社の報酬体系は少々遅れているのではないでしょうか……チームワーク、イノベーション、サイクルタイムの短縮などをもっと自発的に進めるうえで、いまの体系はしっかり効果を発揮しているでしょうか？」

こうした疑問をふさわしい重役に提示した場合、どんな返事が来るかはだいたい予想がつく。「それについては私も考えていた」。その重役がさらに、「その疑問の答えを見つけるべきだろう」と言ったら、あなたはもう「ただの」中間管理職ではない。「使命を帯びた」中間管理職だ。

ちなみに、こうした疑問を投げかけたからといって、解決策のない問題に引きこむことにはならないので安心してほしい。ほとんどの報酬体系は根本的かつ非専門的なレベルで改善の余地がたっぷりある。たいていの会社は自社の給与体系の基本をきちんと考えてなどいないからだ。現行のやり方を当たり前のものとして受け止めている。

控えめにいっても、ほとんどの会社の報酬体系はもっと客観的なものにできるし、間違いなくそうすべきである。客観性は報酬の公正さにつながる。報酬が公正であるべきだと考えない人などいるだろうか？

先日、新聞で読んだ記事によると、ある社員がボーナスをめぐって会社を訴えているのだという。どうやら管理職による評定が本人の自己評価より低かったらしい。ソロモン王のように賢いつもりで他人を裁いたりするから、そんな目に遭うのだ。じつに多くの会社が主観的な基準（「協調性があるか」「イニシアチブを取るか」など）をもとに評定を下す。社員たちがもっと訴訟を起こさないのが意外なくらいだ。こんなシステムがどうして公正といえるだろう？

多くの企業は主観的な体系を客観的に見せかけるために大きな努力を払っている。だが、人間を1から10の数値で格づけすること自体、客観的であるはずがない。そのような格づけは評定用紙の小さな数字を○で囲む人間の判断を反映している。それだけのものだ。

もし私が、そういったとんでもなく主観的な基準で社員を格づけする会社の管理職だったら、全員に10をつける。かまうものか。私をそういうばかげたポストに就けた当然の報いだ。それに、会社を厄介な訴訟から救うことになるかもしれない。

これまで強調してきたとおり、報酬はニューコアでチームワークを育むためのカギでもあった。近ごろはあらゆる会社があらゆる理由からチームワークを奨励しているが、その結果もさまざまだ。うまくいかなかったとしたら、その原因は、報酬体系が依然としてチームワークよりも個人の貢献に報いるものだからかもしれない。なかには、生産性と収益の向上に必要な仕事とは関係のない目標を立て、そのばかげた目標に応じて報酬を変動させる企業もある。

社員をセミナーに派遣し、目を閉じておたがいの胸に飛びこむといった妙な真似をさせるくらいなら、社員がともに働き、ともに稼げるように報酬を再編成したほうがいい。

歓迎された奨学金制度

ほとんどの企業と同じように、ニューコアには基本給とボーナス以外にも各種の報酬がある。もっとも、われわれの考えでは、利益分配と福利厚生は動機づけとして最重要ではなく、二次的なものにすぎない。

ひとつには、利益分配金はたいてい年に一度しか支給されないから、週払いのボーナスと違って、ふだんはあまり意識されない。また社員は、日々の自分の働きが会社全体の収益性に大きく影響するとは見ていない。言い換えると、一般の社員にとって利益分配はタイムリーでも直接的でもないということだ。

だからといって、利益分配が重要でないということではない。わが社では、これを社員が将来に備えるための手段、会社の成功を分かち合うための手段として活用している。結果として、ニューコアで働く人たちは十分な蓄えをもって退職の日を迎えることができる。長く勤めあげた社員のなかには、退職口座に数十万ドルを貯める者もいるほどだ。

その一方、毎年社員に利益の一〇パーセントを分配するのが当たり前のこととして片づけられないように注意してもいる。利益分配金をただ社員の信託口座に振り込み、味気ないコンピュータのプリントアウトで通知したのでは、当然の権利と思われてしまうだろう。そこでわが社では、利益分配が現実のお金であることを思い起こしてもらうために、その一部を現金小切手で支給し、それもドル札と同じ緑色の紙に印刷して念を押している。

ちなみに、役員は利益分配の対象外となっている。彼らには引退など将来の出来事に対して金銭的に備える手立てがあるからだ。利益分配は、それを本当に頼りにしている社員のみにおこなう。

わが社では、おぼえているかぎりで四回、特別ボーナスを支給したことがある。そんなことをするのは、会社が記録的な売り上げを達成したときだけだが、その際は全社員に同額を支払う（役員は除外）。そして支給するときは、これは例外であって前例にはしないと釘を刺す。

あるとき、五〇〇ドルの特別ボーナスを社員に支給したあとで、CFOのサム・シーゲルが大きく息をついて言った。「なあ、ケン、きみはいま一五分ほどで三〇〇万ドルをつかったよ。気分がいいかい？」。いいに決まっている！

ニューコアの福利厚生でもうひとつ重要な給付金は、ある悲劇がきっかけで設定された。一九七四年、業務上の事故で作業員数名が命を落としたのだ。じつにつらい時期だった。つぎの事業所長会議が開かれたときも、われわれは仲間を失ったことにまだひどく動揺していた。最悪だったのは、その事故がまったく無意味に思えたことだ。なぜ起こったのか？　われわれはそこから何を学んだのか？　われわれに何かできることはないか？

遺児たちを対象とした大学奨学金プログラムを立ちあげるべきではないか、という提案が出された。すると前社長のデイヴ・エイコックが言った。「いいや、彼らだけではだめだ。やるなら、全員を対象にやるべきだ」。一九七五年、これがわが社の方針となった。

われわれはニューコアの全従業員（今度も役員は除く）の子どもたち全員に、大学もしくは職業訓練学校の学費として年間一〇〇〇ドルを四年にわたって支給する奨学金制度を設立した。今日、わが社の奨学金基金は子ども一名の教育に対して年間二二〇〇ドルを支給している。

今年は社員の家族のうち、約七〇〇人の若者が奨学金を受けた。総額は一九九六年でほぼ一四〇万ドル。とりわけ大家族にとって、これは非常に大きな恩典となっている。

むろん、この奨学金制度は会社の得にもなる。食卓の話題にのぼるからだ。社員から本当に感謝されたいなら、家族のために何かをするといい。

一九七五年に奨学金プログラムを発表してまもなく、ひとりの社員が、当時サウスカロライナ州ダーリントンで事業所長を務めていたマーヴ・プルマンのもとにやってきた。「つまり、会社は年一〇〇〇ドルを四年間、うちの子全員に払ってくれるわけですか?」と社員は尋ねた。マーヴはそのとおりだと請け合った。「子どもは一一人いるんですよ」とその男は言った。「とすると、四万四〇〇〇ドル! 私を追い払おうったって無理ですからね」

給与体系で競争力をつける──◉

私から見ると、報酬の支払いと引き換えに会社が得るものについて、ほとんどの経営陣は十分な検討をしていない。あるいは期待が小さすぎる。

少なくとも、給与体系は会社に競争力をつける具体的な行動につなげるべきだ。他社から称賛されるニューコアの特徴の大半──チームワーク、ずば抜けた生産性、低いコスト、イノベーションの導入、高い士気、低い転職率──は、わが社の給与体系に根ざしている。そればかりか、給与と福利厚生のプログラムによって社員一人ひとりの運命を会社の運命に結びつけている。会社にとってよいことは、社員にとっても(金銭という確かなかたちで)よいことなのだ。

われわれは、社員の離職を防ぐ以上のことを報酬に期待している。つまり、会社と社員をシンプルな利害関係で結んでいるのだ。

6 小さいことはいいことだ

私が大企業を辞めたわけ——◉

一九四七年、大学を出た私が最初に得た仕事は、インターナショナル・ハーヴェスター（現ナヴィスター）の物理学研究員だった。IBMやゼネラル・モーターズ（GM）、あるいは当時のUSスチールのように、インターナショナル・ハーヴェスターは企業であると同時に研究機関でもあった。とてつもなく巨大でありながら慈善の心を忘れない、進歩をもたらす正義の巨人。そして、かぎりない可能性と粗削りな力、すなわち第二次世界大戦後のアメリカそのものを体現する企業だった。私はそこで働く資格を認められたのである。

興味深い仕事でもあった。職場は物理学研究室で、仕事には、分光器や放射線撮影機、X線回折機の操作も含まれていた。初期の電子顕微鏡も使ったが、これは非常に強力で、一〇セント硬貨を直径約四キロメートルの物体相当に拡大できた。

あるとき、シカゴ美術館から研究室に、展示している中国の青銅器の真贋《しんがん》を確かめてほしいとの依頼があった。私が美術館に行き、二五個ほどの展示品の端をやすりで削ってサンプルを集め、それを分光器にかけると、いくつかは偽物であることが判明した。本物の古代青銅器とは異なる鉱石からつくられていたのだ。美術館員のひとりが教えてくれたのだが、やり手の中国人は青銅器を土に埋め、何年間も尿をかけて偽物をつくったりするらしい。美術館はまさにその手の詐欺にだまされていたのだが、私の知るかぎり、偽物と判定した作品はその後もずっと展示されていた。

この研究室では、電子顕微鏡を用いて、亜鉛の煙に含まれるトゲ状の粒子が溶接工に慢性的な喉の炎症を引き起こすと立証したこともある。その後、溶接工は防塵マスクの着用を義務づけられるようになった。

研究所の私のボスは主席物理学研究員のアル・エリスだった。ぶっきらぼうで、要求の厳しい、まじめな科学者のエリスは、愚かな人間を容赦しなかった。

ある日、インターナショナル・ハーヴェスターの会長が側近を従えて研究センターの視察にやってきた。このとき彼の関心を引いたのが電子顕微鏡だった。エリスはその機器とそれを使って進めている研究について説明した。

すると会長は堂々と無邪気な意見を口にした。「この素晴らしい機械があれば、きみたちは風邪のウィルスだって発見できるはずだな」。エリスは真っ赤になった。「会長、八万ドルの研究費をいただけるなら、本格的に取りかかれるかもしれません……ただ、顕微鏡の下に鼻水を垂らしただけで、『風邪のウィルスだよ』と書いた小旗を振るものが見えるとでもお考えですか？」

社交辞令が苦手なのは確かだとしても、アルは生粋の科学者であり、その科学者の見地からすると、会長の意見はよくいっても差し出がましく、おそらくいくぶん侮辱的でさえあっただろう。むろん、その点は問題にされなかった。会社はエリスに仕返しをした。少しずつ、静かに、整然と（つまり、組織的に）、報復されたのだ。最高の仕事から外される。予算を締めつけられる。ひとつ、またひとつと機会の扉が音を立てて閉じられていった。彼らはエリスを見えない存在にした。二年後、彼は会社を去った。

私は科学について多くをエリスから学んだが、彼から得たもっとも貴重な教訓はビジネスに関するものだった。「大企業ではボスに逆らってはいけない」。きちんと義務を果たせても、仕事ができても、いや抜群にできたとしても、それだけでは十分ではない。あなたを養ってくれる怪獣《ベヘモット》は、誠実な努力以上の見返りを要求し、あなたの個性まで吸い取ろうとする。そういう取り決めなのだ。

アル・エリスからは、私の人生を変える助言も受けた。いわく、「ずっとこの環境で働いていたら、きみは結局、あまり満足できないだろう。本当にビジネスで事を成し遂げたいのなら、小さな会社に入ったほうがいい。それでこそ本物のビジネス体験が得られるはずだ」

それは父以外の人から受けた最良のアドバイスだった。翌年、私はインターナショナル・ハーヴェスターを去り、小さな鋳造所、イリアム・コーポレーションに職を得る。巨大企業から飛び出したその一歩を後悔したことはない。その選択が私を別の世界に導いてくれたのだから。

中小企業の利点とは？——

「大きいことはいいことだ」

これはビジネス界の根底に潜んでいる前提だ。多くの会社はしきりに「わが社は世界最大だ」と自慢する。まるで大きいというだけで優れていると言わんばかりだ。大学の卒業生は、大きな会社のほうが仕事の機会も安定も増すとやみくもに信じて、巨大企業の職を奪い合う。

フォーチュン500企業に選ばれれば会社は根拠のはっきりした名声を得るが、そのリストに載るためにクリアすべき唯一の基準はサイズだ。重役たちは苦労して稼いだ資産を巨大な本社ビルの建設につぎこむ。……もうおわかりだろう。「大きい」と「いい」というふたつの言葉は、ビジネス界では同義語のようなものなのだ。

たしかに、いくつかの点ではそのとおりだ。顧客が小さな業者よりも大きな業者を選びがちなのは、ひとえに「マーケットリーダー」と取引したほうが安心感を得られるからだ。かつてＩＢＭはまさにその傾向に乗じて世界を制覇した。ニューコアでさえ、なかにはキャリアの大部分を費やして「ビッグ・スチール」と戦ってきた者もいるというのに、いまや「アメリカで三番めに大きい鉄鋼メーカー」だと吹聴することが少なくない。

ビジネス界の人たちが、大きいことにどうしようもなく傾くのは理解できる。規模の大きさは明確な利点となるからだ。ただし、それはビジネスが成功する保証にはならない。

サウスウェスト航空がそのことを証明してみせた。大手航空各社がみずからのルールと伝統に縛られているのを見て取ったサウスウェストは、過剰なサービスなし、低コスト、定時運行を掲げて参戦した。既存の競合他社に較べてかなり小規模であることなどものともせず、サウスウェストは航空業界で異例ともいえる収益性の高いニッチを開拓した。むしろ小さいからこそ、改革に挑み、業務上不可欠なローコスト構造を実現する自由を得たのだ。サウスウェストは（ニューコアと同じく）、ともすれば赤字にまみれやすい業界にありながら、一貫して利益をあげている。

鉄鋼製造業に参入した一九六七年、大手メーカーに較べてひどく小さかったニューコアは、大企業にはとうてい太刀打ちできないだろうと広く思われていた。ニューコアがベスレヘム・

スチールを向こうにまわすなど、ノミがサイを追いかけるようなものだ。業界の片隅に居場所を見つけるのがせいぜいだろう、と。

最初はまさにそのとおりだった。われわれは比較的単純な製品、たとえば大手にとってさほど重要でない棒鋼を生産していた。だが、やがてもっと多様な製品をつくるようになり、怪獣《ベヘモット》たちが縄張りと決めこんでいた分野に遠慮なく進入した。

どうということはなかった。大手鉄鋼会社は必死に抗戦してきたが、わが社は彼らの市場で相当なシェアを奪うことができた。その秘訣とは？　費用効率、柔軟性、イノベーションだ。わが社もまた、「ビジネスの競争において、大きいことは必ずしもいいことではない」という事実を証明している。

小さいことにそれなりの美点があることは誰にも否定できない。ところが実際には、経営者や管理職は往々にして大きさがもつ利点にこだわってしまう。そのワナに陥るなかれ！　バランスのとれた考え方をすることだ。大きさの強みと小ささの美点の双方を活かす方法を探そう。たとえば、あなたが若い管理職で、キャリアの進路を決めかねているとしたら、小さな企業ならではの利点を考えてみるといい。私の経験からいえば、小さな会社で働くと、あらゆることに手をつけざるをえない。すると会社全体、端から端までがどのようにかみ合っているかが見て取れる。そこで学べるのは、業務、会計、調査、マーケティング、販売などあらゆる分野だ。それだけ幅広い視点があれば、行く手に何が待ち受けていようと備えができているだろう。これに対し、巨大企業にいると自分がかかわる領域しか見ることができない。全体像が大きすぎて、誰であっても（とくに若手管理職は）すべてを呑みこむのは無理だ。

私は小さな企業独特の精神と活力を愛してやまない。

一九八九年から九五年まで、私はベン・クレイグ・センターの会長を務めていた。ここはノースカロライナ大学シャーロット校と提携している非営利の中小企業育成機関だ（センターの名称はシャーロットに本店を置くファースト・ユニオン銀行の元頭取〔故人〕に由来する）。新進の企業に経験豊かなアドバイザーやビジネス上の有力な人物を紹介し、シェア型事務サービス、最高のオフィス空間を提供する。

センターの資源を活用したい場合、起業家は投資をしなければならない。月決めのセンター利用料を納める必要があるのだが、これは間違いなく健全な投資だ。一九八六年以降、八〇以上の企業――多くは年間売上が一万ドルから約三〇〇万ドルのあいだ――が、ベン・クレイグ・センターの提供する専門知識とサービスを利用してきた。そのうちの八〇パーセント以上がいまも営業している。

ここで言っておきたいのは、小さな会社を興した彼らは、朝ベッドから出るのに何の苦労もいらないということだ。とてつもない活力と大きな自信が彼らとそのアイデアにはみなぎっている。ガッツがあるからこそ、デジタル光学会社を立ちあげたり、建設産業の業界紙を創刊したり、刑務所内から囚人がコレクトコールできる電話会社を設立することができたのだ。しかも、私がセンターで会った起業家たちは一様に、新しい考え方を積極的に受けいれていた。巨大企業の押しの強い連中とは違って、尊大さを身にまとうこともなかった。

大きな会社で働く人たちも、そうした、通常は企業の立ち上げ時にしか見られない精神、活力、新しいアイデアを受けいれる姿勢をもちつづけられるだろうか？　不可能ではない。そのためには、会社のトップから一般社員にいたる誰もが、小ささの美点を追い求めればいい。

大きな本社は無駄

ニューコア本社のどこが印象的かといえば、それはまったく印象に残らない点だろう。シャーロットのオフィス街にある本社は、一一〇〇平方メートルの賃貸スペースにすぎない。郊外の一等地で見かけるような神殿まがいの凝ったビルなど建てなかった。われわれはビジネスを築きあげるので手いっぱいなのだ。第一、本社スタッフは事務職員も含めて二二人しかいない。

私はこの小さな本社に誇りをいだいている。私からすれば、大きな本社は立派でもなんでもない。それはお金の無駄——重役のエゴへのおぞましい貢ぎ物だ。

もっといただけないのは、そういう大層な場所から発せられたアイデアやイニシアチブは、特別なものとして太鼓判を押されやすいことだ。ところが、最新のマーケティング戦略やら新たな方針やらを思いついた本社の人間は、会社にとって本当に必要なものを知るには最悪の場所にいる。事業所の人間は、上からの提案を受けてこんなふうに言うだろう。「おいおい、誰もこんなものを頼んでないぞ。なんでこうなるんだ?」。事業所の人たちがよく口にする定番のジョークはこうだ。「本社からまいりました。お役に立ちますよ!」

多くの企業では、事業部門は本社の相次ぐばかげた口出しに耐えるだけでなく、本社の費用を負担するはめにもなる。一般的に、企業は本社にかかる費用を、売り上げや資産、所属人数などをもとに事業部門に割り振るが、どの基準も恣意的なものだ。配分された額は適正だと納得する事業部門など聞いたこともない。

わが社の解決法? 本社費用は一切割り振るな、だ。本社を小規模なままにすれば、費用はたいした問題にならない。

ところで、会社を知るには、本社だけでなくその社員も知らなくてはならない。ほかの多くの分野と同様、社員というきわめて重要な領域でも、企業の意思決定者たちは小さいことの美点を見落としている——この場合、それは小さな町の美点だ。

会社は電波が届かない土地に?——◉

従来、会社の所在地は大都市もしくはその近郊でなければならないとされてきた。かつては主要企業が、商業、輸送、金融の中心地にある必要があったのだろう。また、多くの企業は豊富な労働力をすぐ利用できるようにする必要もあった。そうしたもっともなニーズから、企業が大リーグ級になるには大リーグ級の都市かその近辺に位置しなければならないという根強い考え方が派生したわけだ。

だが、われわれは小さな町を好む。ニューコアの本社をアリゾナ州フェニックスからノースカロライナ州シャーロットに移転した一九六六年、そこはまだ都市というよりも町だった。また、各事業所も人里はなれた土地に設置してきた。テキサス州ジューイット、ユタ州プリマス、インディアナ州セントジョー、アラバマ州フォート・ペイン、アーカンソー州ヒックマンなどである。

ニューコアにはこんな伝説がある。私は空路で都市に行くと車を借り、電波の強いラジオ局に合わせ、電波が届かなくなるところまで車を走らせる。そこがつぎの工場の建設予定地になるというのだ。これは事実ではないが、かりにその方法で用地を決めたとしても、いまと同じ場所になったかもしれない。

田園地帯の労働力は大いなる未開発資源だ。私が大半の経営者よりその事実に気づきやすかったのは、もともと田舎の人、とくに農家の人に親近感をいだいているからだろう。私の母はシカゴ近郊に広がる田園地帯の大農場に生まれた（一家が入植したのは、まだシカゴが存在するまえの時代だが）。両親は私を近隣のイリノイ州ダウナーズ・グローヴで育てたので、私たちはよく母の実家の農場を訪ねていった。ダウナーズ・グローヴ自体、当時はまだ農村社会そのものだった。

ニューコアの事業所の多くは畑に囲まれているし、社員の多くは農家の出だ。むろん、全社員が農家や小さな町の出身ではない。都市からやってきた者も少なからずいる。たとえば、テキサス州ジューイットに製鋼所を開いたとき、田舎への移住を希望するヒューストンやダラスの住民から何百通もの応募書類が届いた。うれしい話だった。当時、ジューイットの人口はたった四二五人だったのだから！

田舎町の自助自立精神に学ぶ

出身が田舎だろうが都市だろうが、ニューコアに長く勤める社員のほとんどは、アメリカの農村地帯に見られる価値観を共有している。そして各地の小さな町で事業を展開することで、その価値観はいっそう強まっている。

たとえば、ニューコアの社員は、人の手を借りずにたいていのものを直したりつくったりできることに大きな誇りをもっている。これは農場生活の現実に即した特質だ。農場には故障するものがたくさんあるのに、付近に修理業者はほとんどいない。

アーカンソー州ブライスヴィルにあるニューコア・ヤマトの出荷担当部長、ウェイン・ハントはそんな社員の代表例だ。ウェインは農民ではない。一時期、トラック運送会社を経営したことがあり、ガソリンスタンドを一つ所有している。だが、いざというときにものを修繕する方法を心得ているのは確かだ。

彼がその力を発揮してみせたのは二年前の春、ミシシッピ川の洪水で、ニューコア・ヤマト製品の約三分の一を出荷する船着場が水浸しになったときのことだ。

「CEOのジョン・コレンティから電話がかかってきました」とウェインは振り返る。「『ウェイン、そっちの状況はどうなってる？』と訊かれたので、『うちの港が川に呑みこまれました』と答えました」

「でも心配しなくてよかったのです」とウェインはつづける。「ジョンがヒントをくれましてね。彼はこう言ったんです。『とすると、ここが工夫のしどころじゃないか。あした電話するよ』」

ウェインはにこにこ顔でこの話をする。彼は、責任と自信が自由と切っても切れない関係にあることを知っている。そしてニューコアのほとんどの社員と同様、自由を大切にしている。

ジョンからの電話のあと、ウェインは仲間に集合をかけ、いくつか装置をかき集めた。すると驚いたことに、彼らは二、三日のうちに船着場から水を汲み出し、盛り土をして押し寄せる川水を食い止めてみせた。ニューコア・ヤマトは艀《はしけ》での出荷を再開したのである。

農村地帯の人たちは多くのことを独学で身につけながら成長する。ニューコアが探し求めるのは、彼らのように自発的に行動する人間だ。ニューコア・ヤマトで最新鋭圧延ミルの制御パネルを操作するジョニー・ドーキンズもそんな一人である。

ジョニーがニューコア・ヤマトの生産労働者として働きはじめたのは一〇年前で、それ以前はアーカンソー州のニューコア関連施設の建設に携わった会社に勤めていた。ジョニーの兄弟ふたりもニューコア・ヤマトの従業員だ。

「ここにこうしているだけで仕事をおぼえましたよ。だいたいのところはね」。ニューコア・ヤマトの第二圧延ミルを見おろす制御室で、ジョニーは話をしながらも一群のコンピュータモニターから目を離さない。

「このコンピュータが運びこまれたとき、頼りになったのはメーカーのパンフレットぐらいでした。一台を起動して、仕組みがわかったら、つぎに別のことを試してみる。わからないことがあったら、いったん忘れて、誰かに手伝ってもらえるまで待つ。ニューコアのユタ工場から来た連中にはすごく助けられたけど、たいがい試行錯誤のくりかえしでしたね」

自立の精神は経営陣にも浸透している。ニューコアの年次報告書は毎年、私とCFOのサム・シーゲル、経理部長のテリー・ライセンビーとで準備する。三人で週末に集まり、たいていのフォーチュン500企業がマーケティングスタッフやコンサルタントを大勢雇って完成させる仕事を片づけるのだ。むろん、年次報告も小さくまとめる——およそ二〇ページだ。

ニューコアとほとんどのフォーチュン500企業との重要な違いはもうひとつある。大きな一流大学からの採用にこだわらない点だ。典型的な大企業は幹部候補に大規模な名門校の卒業生を迎えたいと考える。一方、ニューコアの管理職や監督の多くは、むしろ小さな、さほど有名でない単科大学や州立大学の卒業生だ（大学に進学しなかった者も数人いる）。だが、みんな頭がよく、堅実で、志は高い。私は彼らを世界のどんなマネジメントチームとも交換するつもりはない。

総じていうなら、ニューコアは、大きいことがいいとはかぎらないという事実の生きた証拠なのである。

大きいことは小さいこととは違う。それだけだ。重役、管理職、社員が小さいことの美点を実現し、小さな会社の精神を守っている企業は、どんな相手とも渡りあえる。ニューコアはそれを証明した。われわれを怖がらせようと思ったら、大きいこと以外のものを用意したほうがいい。

大企業がぜひとも挑戦すべきこと ── ◉

では、すでに身も心も大きくなっている会社の場合、小さいことの美点を回復できるだろうか？　きっと大きな障害に直面するだろうが、できなくはない。

最大級の障害となるのは構造だ。ピーター・ドラッカーは著書『現代の経営』（ダイヤモンド社）にこう書いている。「会社の大きさは、会社が必要とするマネジメント構造の大きさと同じ」で、「実際には、一般社員と経営トップのあいだに六つか七つ以上の階層が必要な企業は大きすぎる」

ドラッカーの言うとおりだとすると、理論的には、企業は収益を一〇倍、二〇倍、あるいは五〇倍に伸ばしても、小さな会社の特性を保持できるということだ！　そのために必要なのは、マネジメント階層の数を制限することだけ。これはまさにニューコアが目指してきたことだ。わが社は年商四〇億ドルに迫りつつあり、しかもマネジメントの階層を四つにとどめている。

ニューコアを訪れたフォーチュン５００企業の重役が興味を引かれるのは、大企業がこれほどスリムで、簡素で、合理的でいられること――すなわち、中小企業のようにいられるということだ。だが、つぎにはこんな質問が出る。「わが社のマネジメント階層を減らすにはどうすればいいでしょう？　どうすればおたくのようになれるのでしょうか？」

そんな難題に直面したCEOには同情する。もし私が「USスチールの経営をまかされたらどうしますか?」と訊かれたら、こう答えるだろう。「頭に一発ぶち込むよ」。本当にやるつもりはないが、そのほうが苦しみの少ない生涯にはなるかもしれない。

おそらく、最善のやり方は必要最低限の階層の数を設定して、なるべく早く構造のスリム化に取りかかることだろう。私なら社員が引退するのを待ったりしない。やらなくてはならないのなら、早めに痛みを取り除くのがいちばんだ。

同様の審判の日が連邦政府にも迫りつつあるようだ。「大きな政府の時代は終わった」という宣言はもう何度も聞かされた。こうした宣言が何をもたらすかは、まだ見えてこない。ただ一九八〇年代なかばに、当時アーカンソー州知事だったクリントンと州議事堂の執務室で話をしたときのことはおぼえている。ニューコアでは、アーカンソー州にふたつめの事業所を設立することが決まっていた。これには知事も喜んでくれた。自身、州の産業インフラの建設に取り組んでいたからだ。ところが、「たとえ成長をつづけ、多くのものに挑戦していくとしても、わが社は経営を小さく、シンプルに、お役所仕事とは無縁に保つ」という決意を話すと、物悲しそうな顔をした。

「ケン、あなたは運がいい」とクリントン知事は言った。「こうすべきだと決めたら、それはかならず実行されるのだから。官僚たちと仕事をするのはむずかしくてね。われわれも、もっとニューコアのようになれたらいいんだが……」

なかには、こう主張する人もいるだろう。GMは子会社サターンの設立によって、規模へのこだわりと官僚主義から脱し、小さいことの美点へといたる、痛みの少ない現実的な道筋を世に示したではないか、と。だが、サターンの設立は勝利というより譲歩だったと私は見ている。GMが中小企業のような経営をするのは無理だったため、小さな会社を一から立ちあげたのだ。GMのお膝元であるミシガン州ではなくテネシー州を選んだのも、官僚主義の兄の悪影響を受けることのないように注意を払ったからだろう。GMからサターンに出向するチャンスを与えられた社員さえほとんどいなかったと思う。

なぜかは察しがつく。人を変えるのは簡単ではないのだ。ニューコアには大手鉄鋼会社から大勢が転職してきた。なかには順調にやっている者もいる。CEOのジョン・コレンティは若いうちにUSスチールを辞めてニューコアに入社した。だが、その一線を越えるのは、ほとんどの者にとって(キャリアの後半に挑戦する場合にはとくに)険しい道のりとなる。

社員が直面する3つの変化

ヒックマン事業所長マイク・パリッシュの話によると、大企業からの転職組が直面するきわめて厄介な変化のひとつは、形式ばった文化から形式ばらない文化への移行であるらしい。

「ニューコアは即興性の高い会社です」とマイクは言う。「うちで働くようになった部長たちからよく言われるんですよ、『品質管理のプログラムを見せてください』って。そこで私はこう答える。『それは、冊子みたいなものかな？』『ええ、そうです』。私はこう言ってやります。『悪いが、うちはそういうプログラムというものがあまり好きじゃなくてね。何か改善が必要なものを見つけたら、とにかく改善するだけなんだよ』。すると彼らは職務記述書《ジョブ・ディスクリプション》を見せてくれと言うので、私はこう答える。『職務記述書はみんなだいたい同じなんだ。〝出勤し、一二時間生産に精を出すこと〟』。これでもまだ腑に落ちない者は、わが社の方針《ポリシー》全部に目を通したいと言ってくる。コンプライアンスの強化という仕事をしっかり果たせるように、と。そこで私は言ってやるんです。『方針というのもあまり好きじゃなくてね』」

ビッグ・スチールからの亡命者にとってもうひとつ順応しにくいのは、厳しく管理された状態から自由がふんだんにある状態への変化だ。彼らが知っていたあらゆる境界がニューコアには存在しない。部長が炉のレンガを張り替えるために這いまわり、生産労働者がエンジニアと議論し、社員のチームが新しい機器を購入するのを目の当たりにして、いったい何を考えたらいいのかわからなくなるのだ。

だが、何より大きな変化は、つねに全員と意思疎通を図る方法を学ぶようになることだ。小さな会社の人たちはそれを実行している。というより、コミュニケーションこそ、小さいことの最大の美点だろう。わが社は各事業所の社員数を四〇〇〜五〇〇人に限定することで、管理職が社員と個人的に直接コミュニケーションをとる機会を提供している。ニューコアをクビになった管理職はさほど多くないが、解雇された者の九〇パーセントは、部下との意思疎通を怠ったことが理由だった。

わが社の管理職は全員、じっくりと時間をかけて部下と対話をする。「新入社員一人ひとりと、入社後一、二週のうちにゆっくり話をします」と語るのはニューコア・ヤマトの事業所長、ダン・ディミッコだ。

「通常は二、三時間かけます。そういう話し合いを一九九一年からこのかた、五〇〇回以上してきました。そもそもの趣旨は意思疎通を図ることにあります。たいてい相手といくつも共通点があるのがわかりますが、違いについても知ることになる。その違いが大事なんです。フットボールチームみたいなもので、選手全員が同じ体格ではないほうがいいし、もっているスキルも同じでないほうがいい。必要なのはいろいろなことができるいろいろな人間で、そういう人たちがまとまって勝者となれるように手助けするのが私の役目。その第一歩がコミュニケーションなんです」

「大きいことはいいことだ」という考え方はビジネス界の思考にあまねく行き渡っているが、それは暗黙の了解なので、意識されることはめったにない。この考え方は、企業が合併によってどんどん大きくなり、やがて、きわめて順調で恐るべき力をもつ巨大企業として頂点に達するというプロセスの当然の産物だ。たしかに、ビジネスでは大きいことが役に立つ。だが、小さいことも役に立つのだ。

小さな会社のように機能することを願う大企業は、厳しい現実に直面する。官僚主義的で大きなものが、機敏で小さなものになる近道はない。官僚主義の大企業が本当に変われるのは、重役、管理職、社員が等しく小さいことの美点を受け入れてからだ。

7 リスクをとれ！

自作の機械は失敗だったか――●

インターナショナル・ハーヴェスターを辞めた私は、イリノイ州フリーポートにあるイリアム・コーポレーションに入社し、一九五四年の春には生産担当部長兼チーフエンジニアとして働いていた。新天地は、車が五台入るガレージのなかにつくられた鋳造所で、コンクリートの床には溶けた金属が残した傷が無数にあった。時代物の直流溶解炉のなかを這いまわるはめになることがたびたびあって、そのつど塵《ちり》まみれになり、指の爪は煤《すす》で黒くなった。そこはじつに私好みの場所だった！

ある日のこと。二回ノックしてオフィスに入ると、社長のケン・バージェスが請求書や注文書、生産高報告書を整理していた。

「どうした？」ケンが尋ねた。

「造管機が必要です」

「コストがかかりすぎるんだ」。ケンは書類から顔もあげずに言った。この件はまえにも話したことがある。もはや古い話題なのだ。

「わかっています」。私が欲しい機械の値段は約二五万ドルだった。会社が調達できる額より、ざっと二四万五〇〇〇ドル高い。「ただ、自分たちでつくれるんじゃないかと思いまして」

今度は社長も顔をあげた。「自分たちでつくれるだって？」

「やってみたいんです」。私は自分のアイデアを説明した。内側に砂を塗った大径の管を毎分六〇〇〜七〇〇回転する軸にセットし、それを使って管を鋳造する機械をつくるというものだ。ケンは二、三質問をしてから、機械づくりに許可を出してくれた。予算の上限は五〇〇〇ドルだった。

造管機をつくるのは、ルーチン化した鋳造作業からの気分転換として社員にも歓迎された。二、三か月のうちに、われわれは総コスト約五〇〇〇ドルで手製の機械の完成にこぎつけた。むろん、売っている機械のような凝った機能はついていない。見た目もよくない。おまけにスイッチを入れるたびに、ブレーキをかけながら山を下る貨物列車のような金属音をたてた。問題はそこだった。音のせいで鋳造所の人間はひとりもこの装置に近づこうとしなかった。

造管機はあるのに、パイプをつくることができないのだ。

私はケンのオフィスに行って頼んだ。「こっちに来て、金属を機械に流し込むのを手伝ってください」

「どうして？」

「みんな信用してないんです。融液を鋳込んで機械がちゃんと動くのを見てもらわないと。私ひとりじゃできません」

ケンは険しい顔で立ちあがり、私について鋳造所まで来てくれた。五〇人の社員のほとんどが様子を見ようと集まってきた。みんな成功を祈っていたと思いたいが、彼らの本心はおそらく、窓から飛び降りようとしている男を眺める野次馬のようなものだったのだろう。

私たちふたりは溶けた金属を炉から取って鍋に移し、鋳込み台まで運びあげると、大きく息をついた。そして造管機に注いだ。問題なし！　機械は完璧に動いた！　これでようやく納得してもらえたらしい。作業員たちもパイプづくりに取りかかった。ケンが私の背中をたたいた。いまやわれわれは製管業者だ！
二、三か月後、ケンはシカゴからやってきたイリアムの取締役たちに、堂々たる創意の結晶を見せることになった。ところがあろうことか、実演の最中に焼き固めた砂の栓が壊れ、溶けた金属が三メートルの回転花火となって飛び散ってしまった。そして丸鋸がバターを貫通するようにガレージの壁を突き抜け、建物をまっぷたつにしたのである。けが人が出なかったのが幸いだった。私はその日、取締役でさえ、いざというときにはずいぶん速く走れるものだと知った。

アイデアはすべて試させる――

こういうエピソードを失敗に数える向きもあるだろうが、私は違う。機械はしっかり動いたからだ。われわれはたしかにあの機械をつくったのだし、一時期だったとはいえ利益もあげた。五〇〇〇ドルと結集した知力だけで、二五万ドルの機械と同等の機能をもつ機械をつくったのだ。以来、私は、たとえ最低限の資源しかなくても、少人数のグループが達成してみせることを過小評価しないようにしている。

言うまでもなく、管理職が失敗を許さなかったら、社員は並みはずれたことに挑戦しようとはしない。結果が凶となっても、けっして批判しないように気をつけなくてはならない。さもないと、社員は小さなリスクさえ避けるようになる。

社員の下した決定がうまくいかなかった場合、忘れてならないのは、失敗を許したのはあなただということだ。どうしても非難せずにいられなかったら、まず自分自身に矛先を向けなくてはいけない。そうすればたいてい衝動は抑えられる。

批判したい気持ちをぬぐえれば、失敗の経験をほかの人たちと検証することができる。社員が同じ間違いをくりかえさないように力になろう。そのアイデアをもう一度試す価値はあるのか、あるとしたら、どこを調整して臨むべきかをともに突き止めよう。失敗にとらわれてはならない。そこから学ぶのだ。後ろではなく、前を向く。もう一度やってみるように社員を激励しよう。

また、あなたは社員がもってくるアイデアを心から受けいれようと努めなくてはならない。悪気がなくても、経営者や管理職は人のアイデアを評価したり批判したりしがちだ。私の経験からいって、アイデアを受けいれる姿勢を示す唯一確実な方法は、余計なことを口に出さず、「よし、やってみろ」とか「わかった、力になろう」と言うにとどめることだ。

忘れてはならないが、アイデアの良し悪しは試してみるまでわからない。そして、たとえそのアイデアが失敗に終わっても、それを試したという経験は、長期的に見て会社と社員の成功の一因になるのである。

個人的には、私は斬新なアイデアが社内のどこにもないという状況に耐えられない。そういうときは、みずからアイデアをいくつか発信し、それを試すのを手伝ってくれと社員をつつく。これはかならずうまくいく。ほとんどの者は、押しつけられたアイデアよりも自分のアイデアを追求したいものだからだ。

人生は冒険だ――●

革新性とリスクを引き受けることとを奨励する私の理念は、ある哲学に根ざしている。あるいは、ただの考え方といってもいい。それは、「人生は冒険だ！　とんでもないことが起こる！」というものだ。人はこの世に生まれ出るときだって相当な苦労をする。その後は楽な道のりがつづくなどと期待するほうがおかしい。

幸いにも、人生における小さなしくじりは、人を成長させるきっかけになる。

十代のころ、ピーナッツ・ブリトル（ピーナッツをカラメルで固めたお菓子）をつくるパーティからの帰り道、父のスチュードベーカーを運転しているときのことだった。この車のサスペンションも、イリノイ州ダウナーズ・グローヴの田舎道も、人に優しいほうではなかった。大きなくぼみの上を通ったとき、ブリトルをつくった余りのシロップの瓶がフロントシートの脇の床に落ちた。

反射的にブレーキを踏むと、瓶は転がってアクセルペダルの上へ。車は急激に加速し、どっしりした古いオークの木に頭から突っこんだ。私はかすり傷程度ですみ、オークの木はびくともしなかったが、父のスチュードベーカーは廃車にするしかなかった。

少なくとも、私はそう思った。警察が現場に到着してまもなく、父がやってきた。午前二時。

私はつぶれたスチュードベーカーのステップに座って頭を抱えていた。

「だいじょうぶか?」と父が訊いた。胸を打ったけれど平気だと思うと私は答えた。

「木とけんかしたらどうなるか、これでわかっただろう」と父。私は無理やり笑ってみた。うまいことを言うな、父さん。でもそれだけ? 話はそれだけなのか? だとしたらラッキーだけど……。

そのとき、「車を直すんだぞ」と父が言った。車を直す? 本気で言っているのだろうか? 父は本気だった。それどころか、修理のほとんどを手伝ってくれた。曲がったフレームをまっすぐにする。つぶれた部品を交換する。ハンマーでたたいてへこみをならす。私はエンジンを外し、バルブを磨き、ピストンを新しくした。

真剣な努力をつづけても、車が道路に復帰できるまで一年以上かかった。何度も投げ出したいと思ったが、父がそうさせてくれなかった。そんなとき父が私に思い出させたのは、「いい仕事も、あと少しの踏ん張りがなければ台なしになる」。父の好きな格言のひとつだった。

やがてついに走行可能な状態になると、父はそれを私にくれた。そう、私の車になったのだ! だが、それ以上によかったのが、車をほぼ一からつくる方法を知ったことだった。

こうした経験から私は、間違えることを恐れなくていいのだと確信するようになった。完全無欠を目指す気は毛頭ない。私の見るかぎり、人生で強い印象を残す人たちのなかに完璧な人物はひとりもいない。

彼らはひとつのアプローチに成功したり、ひとつの方法に習熟しただけでは満足しない。彼らは実験する。失敗も多い。だが、すべての失敗から意義深い何かを得ている。それこそ、ビジネスでも人生でも、目的を達するために不可欠なことではないだろうか。

だれもが失敗すると予想した事業――●

ニューコアにはこんな格言がある。「やる値打ちのあることなら、まずいやり方でもやる値打ちがある」。これは、せっかくのアイデアを専門家や委員会でつつきまわしてつぶしてはいけない、という意味だ。さっさとはじめて、効果があるかどうか確かめるのだ。

この方法は少なからぬ失敗を招く。おそらく、われわれが試す新しいテクノロジー、手法、アイデアの半分は失敗するだろう。ニューコアのどの工場にも、購入して試し、廃棄した装置をしまっておく小さな倉庫があるくらいだ。だが、われわれの考えでは、多少の間違いはまったく問題ない。「失敗」から集めた知識が、われわれを目覚ましい成功に導くことだってあるのだから。

ニューコアのもっとも名高い成功は、薄鋼板事業への進出だろう。これは一九八九年に「薄スラブ連続鋳造」というきわめて実験的な工程に賭けて達成したものだ。この賭けについては、われわれの負けを予想した者が少なくなかった。ベスレヘム・スチールにいたっては、わが社が失敗する理由を詳述したレポートを配布したほどだ。

薄スラブ連続鋳造に取り組むという決定と、インディアナ州クローフォーズヴィルの革命的新製鋼所の建設については多くの記事が書かれたが、その大部分は、控えめにいっても誤解を招くものだった。わが社は慎重さをかなぐり捨てたか、あるいは英雄のごとく勇敢だったように読める。どちらも事実ではない。リスクによっては、たとえ大きなリスクでも引き受ける価値がある。ただし、それは適切な基準に照らして評価してからの話だ。

薄スラブ連続鋳造に乗り出すまえにわが社が見積もったのは、この新しいテクノロジーがニューコアの戦略上の立場を改善する可能性、実現できる競争上の優位の大きさと持続性、そして、この未検証の製鋼法をわが社が商用化できる見込みだった。われわれはこの技術の発展を一〇年にわたって追いかけていた。よく考えたうえで踏み切ったのだ。

なぜ薄スラブ連続鋳造に注目していたのか？　ほぼ一九八〇年代を通じて、ニューコアの戦略上の立場はひどく限定されていた。箱のなかに閉じこめられていたといってもいい。わが社のミニミルは棒鋼、形鋼を驚異的な効率で生産できることを証明したが、そうした製品の市場は鉄鋼市場全体の三分の一あまりを占めるにすぎない。これがわれわれの箱だった。

その箱の外にあったのが薄鋼板の市場だ。薄鋼板は、建設だけでなく、溶接鋼管、農業機械、自動車、電気機器の製造にも用いられる。米国で販売される全鉄鋼に占める割合は半分を超える。わが社を最大限に成長させるのなら、薄鋼板を売らなくてはならない。

問題は、ニューコアが薄鋼板をつくれないことだった。なぜか？　一九八九年以前は、薄鋼板を製造できる施設は一貫製鉄所だけだった。「一貫」とは、原材料の鉄鉱石を完成品にするまでの全工程を備える製鉄所を指す。これに対し、ニューコアのミニミルは基本的にリサイクル工場だ。その原材料はスクラップである。

一貫製鉄工程はとても複雑で、その実行に必要な施設はとてつもなく規模が大きい。典型的な一貫製鉄所は三〇〇〇人以上の従業員を擁し、年間三〇〇万トン以上を生産する。

従来の薄鋼板の製造法でカギを握るのは、厚さ一〇インチ（約二五センチメートル）の「スラブ」を、厚さ数分の一から数十分の一インチの薄板コイルに圧延する段階だ。実際、この部分だけで、スラブを冷却し、再加熱し、粗圧延し、さらに仕上げ圧延機を通すのである。

この工程に必要なミルは、長さ一マイル（約一・六キロメートル）以上におよぶこともある。そこまで大きな設備をニューコアで楽に運転できるわけがない。建設に必要な資本も集められないだろう。箱から脱出するには別の方法を見つけなくてはならなかった。

新技術実用化への道

そこで頼みの綱としたのが、新しい技術である薄スラブ連続鋳造だった。名前からわかるように、これは製鋼されたばかりの溶鋼を、もっと薄い、厚さわずか二インチ（約五センチメートル）のスラブにする技術だ。当然のことながら、二インチのスラブを薄鋼板にする圧延装置は、一貫製鉄所で鋳造される一〇インチのスラブを材料とした場合に較べて、はるかに少なくてすむ。しかも、その工程は「連続」しておこなわれる。つまり薄スラブはまだ熱いうちに仕上げ圧延機に送りこまれるため、大規模な圧延設備はいらなくなる。これなら比較的安価なミニミルの範囲内でも処理可能だ。

むろん、薄スラブ連続鋳造が実際の選択肢にいたらず、いまだ理論にすぎなかったのには理由がある。溶けた金属を迅速に厚さ二インチの鋳型に移すのは困難をきわめる。工程全体をより精密にしなければならないからだ。

われわれはそのことを自力で突き止めていた。さかのぼって一九八〇年、わが社はベルト駆動の薄スラブ連続鋳造機の実験をした。しかしこれもまた数百万ドル級の「失敗」となる。ベルト駆動鋳造機でも薄スラブをつくることはできたが、それに必要な鋳込みシステムは複雑なうえに高価だった。日本の数社も薄スラブ連続鋳造機の実験をしていると聞いたが、ほとんど成果はなかったようだった。

突破口を開いたのは旧西ドイツの機器メーカー、ＳＭＳシュレーマン－ジーマークだった。

われわれはずっと彼らの努力を見守っていた。一九八四年には同社の工場を訪れ、彼らが考える薄スラブ連続鋳造について話し合ってもいる。それは、漏斗《ろうと》型の鋳型にノズルを装着し、連続鋳造機内の溶融金属の流れを精密に制御するというものだった。一九八六年のデモンストレーションで、同社は厚さ二インチ、長さ約三〇フィート（約九メートル）の連続するスラブをつくってみせた。いよいよ完成に近づきつつあった。

一九八七年、SMSから商用化可能と思われる薄スラブ連続鋳造工程を完成させたとの連絡が入った。先方がまずわが社にアプローチしたのは、この技術の本格運用に挑戦しそうな会社をほかに思いつけなかったからだという。たしかにそのとおりだったかもしれない。資金面では大手鉄鋼メーカーのほうが余裕があったはずだが、すでに長期にわたって一〇インチ・スラブから薄鋼板を製造していた彼らにすれば、ほかの製造法を想像しにくかっただろう。

一方、われわれは食いついた。これを突破口として、ニューコアは箱から脱出し、薄鋼板事業に乗り出すのだ。

薄スラブ製鋼所は一貫製鉄所の建設費の何分の一かで建設できる。競争上、資本コストの面で非常に有利になるということだ。また、薄スラブ鋳造の連続工程は、一貫型ミルで使われる複雑で時間のかかる方法に較べて、はるかに費用効率が高いと期待された。競合グレードの薄鋼板の場合、コスト優位は最大で一トンあたり五〇ドルになると予測した。

何より、競合他社がわが社の技術に追いつくには長い時間がかかると思われた。ビッグ・スチール各社はおそらく薄スラブ鋳造は試すことすらしない。彼らは伝統的な製鋼方法に情熱と資本を注ぎすぎている。そのうえ、薄スラブ工程の研究にわれわれほど熱心な会社はほとんどなかった。他社は技術の習得に苦労するはずだ。わが社の競争上の優位はかなり大きく、しかも長くつづくと踏んだ。

賭けに出て成功する――◉

その後、こうした仮定が正しかったことがわかった。現在、わが社の工場で薄鋼板の生産に要する労働力は、一トンあたり〇・六人時《マンアワー》。対して世界最高の大手鉄鋼メーカーでも三人時から四人時だ。おかげでわが社は多くの場合、製品の価格を大手鉄鋼各社より一トンあたり五〇〜七五ドルも低く設定できる。薄スラブ連続鋳造を用いて薄鋼板を生産する最初の競合企業が現れたのは、七年近くあとのことだった。

だが、一九八七年の時点では、こうした有望な将来はひとえに、「ニューコアは薄スラブ連続鋳造を機能させることができるのか？」というきわめて危っかしい疑問にどう答えるかにかかっていた。

われわれは「できる」と考えた。なんといっても、ニューコアは冶金会社として二〇年にわたる鉄鋼品製造の経験がある。新機軸を実用化してきた実績もある。その代表例がミニミルだ。ある意味で、薄スラブ連続鋳造はそれに匹敵する挑戦だった。新作バレエの上演や新型保険の売り込みなら、ニューコアの成功は見込み薄だろう。だが、薄スラブ連続鋳造の商用化なら、わが社は有力候補になる。もし商用化できる者がいるとすれば、それはニューコアのはずだった。

強がりだったかもしれない。たしかに胸にわだかまる不安はあった。製鋼業は景気の波に左右されやすい。スーパーマーケットとは正反対である。景気が悪くなっても、人は毎週食料品を買う。食料品の売上げは比較的穏やかに変動するので、スーパーマーケットはたいてい多額の負債をかかえるリスクを冒すことができる。

一方、人は鉄鋼なしで何か月も何年もやっていける。鉄鋼会社がどっぷりと借金に浸かっているときに業界が長い不況のサイクルに突入したら、二度と浮かびあがれないかもしれない。投資した技術が使いものにならなければなおさらだ。

控えめにいっても、多額の負債をかかえれば、支払利息も、やむなくレイオフする可能性もふくらむだろう。ニューコアとしてはどちらも軽々しく負えないリスクだ。わが社は資金調達について堅実にやってきた実績があり、景気が下降してもそれほど影響は受けない。負債は総資本の三〇パーセント未満に抑えるようにしている。ほとんどの年は一〇パーセントを超えない。だが、薄スラブ連続鋳造に必要な投資をすれば、資本資源は限界に達する。振ったサイコロの目が悪かったら、大きな痛みを分かち合わねばならない。

ニューコアの三人――デイヴ・エイコック（当時の社長）、エンジニア一名、そして私がSMSのトップ四人とともにテーブルに着いたのは木曜日だった。日曜の夜には、われわれは薄スラブ連続鋳造機と圧延ミルを購入していた。SMSに支払った総額は二億ドル以上。そのすべては、実際に使えるとは誰も確約できない技術に賭けられたのだった。

正しいことをしていると願うばかりだった。クローフォーズヴィルに新しい薄スラブ製鋼所を建設しているあいだ、私はたびたびこう訊かれた。「心配かい、ケン？」。私はこう答えたものだ。「赤ん坊みたいに眠ってるさ……二時間おきに夜泣きするがね！」

結局、ここでは名前を挙げきれないほど多くの人の多大な努力のおかげで、クローフォーズヴィルは当時もいまも商業的に成功をおさめている。わが社は箱を打ち破って薄鋼板事業への進出を果たした。その後、薄スラブ連続鋳造で薄鋼板を製造するミニミルをさらにふたつ新設している――ヒックマン製鋼所は一九九二年に建設され、サウスカロライナ州バークリーにある最新の製鋼所は一九九七年に運転を開始している。わが社はアメリカ第三の鉄鋼メーカーに成長した。

ニューコアが下した、薄スラブ連続鋳造で賭けに出るという決定から、どんな教訓を引き出せるだろうか？　おそらくもっとも重要な教訓は、けっしてほかの人間に（いわゆる専門家であっても）負う価値のあるリスクかどうか口出しさせるべきではないということだ。自分で決めなくてはならないのだ。

一九八七年の時点で、この大博打はきっと報われると信じていたのは、われわれぐらいのものだった。業界の事情通たちは、いくらなんでも無理だろうと考えていた。だが、成功する見込みを正確に判断できる立場にいたのはわれわれだけだった。

教訓はもうひとつある。それは「失敗の見込みを無視するというワナに陥るな」である。リスクとは、本質的に失敗する可能性を孕《はら》んでいるものだ。その可能性に目を向ける。注視する。ゆめゆめ目を離すなかれ。

最先端の事業に挑みつづける

ニューコアの新しい工場ではクローフォーズヴィルのものに大幅な改良を加えたので、わが社の薄スラブ連続鋳造技術はいまも最先端を行くものだ。だが、われわれは薄スラブ連続鋳造が長く最先端テクノロジーでありつづけるという幻想はいだいていない。それどころか、もしそうなったらひどくがっかりするだろう。われわれはいまも、その先端をさらに推し進めようとしているからだ。

一九九四年、ニューコアは炭化鉄（鉄鉱石からつくられる黒い鉄粉）を商業生産するための最初のプラントに着工した。なぜニューコアが炭化鉄をつくるのか？　ミニミルの経営における最大の費用はスクラップ（とくに最高品質のスクラップ）のコストだ。しかもその価格は大きく変動する。われわれは原材料としてのスクラップへの依存度を減らし、それによってコストを安定させる方法を探していたのだ。

そして一年にわたって市販のスクラップ代用品をテストしたのち、炭化鉄をつくることに決めた。これはもっとも費用効率の高い選択肢となる可能性があり、わが社の製鋼工程と相性もよかった。炭化鉄は扱いやすい。細かい粒のため直接炉に吹き込むことができるし、炉内では砂糖が紅茶に溶けるよりも速く溶鋼と混ざり合う。炭化鉄中の炭素は溶鋼の加熱を助ける燃料にもなる。試験の結果、炭化鉄は製鋼に使われるスクラップの少なくとも五分の一、おそらく二分の一に取って代わりうることが明らかになった。

問題は、高品質のスクラップの価格より格段に低いコストで大量生産できるのか？　という点だった。過去に成功例はなく、もし失敗すれば、この計画全体が時間と金の壮大な浪費となる。だが、やってみることに決めた。

多くの者は、われわれがまず小さなデモンストレーション用施設をつくって炭化鉄の工程を実証するものと考えていた。化学薬品会社がよく用いる進め方だ。だが、われわれのやり方ではない。思い出していただきたいが、われわれは「やる値打ちのあることなら、まずいやり方でもやる値打ちがある」と考えている。だからいきなり本格的な設備の建設へと突き進んだ。総工費約八〇〇〇万ドル。新聞記者からうまくいくのかと質問されたとき、私はこう認めた。「ちょっとわからないな。本当のところ、これは大がかりな室内実験なんだ」

炭化鉄工場はトリニダード島に建設することに決めた。それまで国外に施設をつくったことはなかったが、そこには必要なものがすべてそろっていたのだ。鉄鉱石の随時供給（ブラジルから）。鉱石の加熱用燃料になり、水素とメタンの供給源となる豊富な天然ガス。良好なビジネス環境。トリニダード・トバゴ政府がわれわれを迎え入れてくれたポイント・リサ工業地には、将来、工場を増設する余地もある。

輸送の見通しも良好だった。完成品は船でニューオーリンズに運び、そこから艀でミシシッピ川をさかのぼって、アーカンソー州ヒックマンやインディアナ州クローフォーズヴィルのミニミルまで運べばいい。

この工場は一九九五年のはじめには稼動した。ただし現地の社員は数々の問題に遭遇した。混乱のひとつは、熱交換器と呼ばれる機器にかかわるものだった。当初、設計エンジニアリングを担当した業者からはシェル・アンド・チューブ式を推奨されたが、コスト差などの分析結果をもとにプレート・アンド・フィン式を選んだところ、この熱交換器がたびたび目づまりを起こし、製造工程全体が遅れる結果となったのだ。

そう、われわれの判断ミスだった。エンジニアリング会社が正しかったのだ。われわれは熱交換器を、当初、設計技師からすすめられたタイプに差し替えた。この措置には五〇〇万ドル以上かかり、スケジュールは六か月以上も遅れた。誰にとってもうれしくない事態だったが、まったく新しいことに挑戦すれば、この手のことはよくある。ここで気を落としても意味はない。状況が苦しくなることは覚悟したが、適切なサポートと適切な環境があれば、社員はきっとうまくいく方法を見つけるだろうと考えた。

いま彼らは、まさにそのとおりのことを実行している。生産高は順調に増えているし、製品の質はますます高くなり、一トンあたりの費用は着実に減っている。社員たちは運営上の欠点を直し、改善を図っている。われわれはさらに、新しい水素発生器が、製品の高い品質を維持しつつ、生産高を設計上の最大限に近づけてくれるはずだと信じている。目標は、スクラップを原料とする製鋼法に革命をもたらす製品を生み出すことだ。

実際、炭化鉄がもつ可能性には驚くほかない。理論上、炭化鉄の内部に六パーセント含まれている炭素は、製鋼に必要なエネルギーのほとんど、あるいはすべてを提供できるのだ。だから炭化鉄があれば、鉱石やコークス、高炉、スクラップ、そして電気がなくても製鋼が可能になる。必要なのは炭化鉄と酸素だけだ。そうした工程は環境的にクリーンなうえに、驚くべき純度の鉄鋼生産を可能にするだろう。

むろん、いまの時点では実現していない。その方法が見つかると断言できる者もいない。とはいえ、薄スラブ連続鋳造や炭化鉄の商業生産についても、最初は同じように言われていたのだ。

攻めの姿勢を保て――◉

進んでリスクを負う姿勢は年齢とともに衰えてくる。意外ではないだろう。経験を重ねるごとに用心深くなり、失うものが増えるにつれて慎重になるのは人の性《さが》だ。人生で成功すればするほど、すでに得た栄誉に安住したい思いは強くなる。

私はいままでと同じ人間のつもりでいる。ただ、リスクに対して若干居心地が悪くなり、攻めの姿勢も少々弱くなっていることは確かだ。ふと気づくと、安全策に傾く気持ちに自分で待ったをかけている。

私がいちばん避けたいのは安全策をとることだ。リスクを嫌うことはビジネスでは命取りになる。テクノロジーの急速な進歩を特徴とする業界ではなおさらだ。だが、きょうび、その範疇に入らない産業などあるだろうか？

管理職として上級になればなるほど、部下の革新性やリスクの引き受けを奨励することが重要になる。たいていの上級管理職はその責任には気づいているだろう。気づいていないことがあるとすれば、自分自身がリスクを受けいれにくくなっているという事実かもしれない。その可能性を見越して、私はより上級の管理職に昇進するにつれ、よいリスクを負うことをより意識的に、より公然と擁護するようになっている。

チップを置いたら勝つことだけを考えよ

リスクを避け、失敗を恐れる経営者や管理職は、自分や部下や会社をあざむいている。目標に達する絶好の機会をみずから絶っている。部下が成長するチャンスを打ち消している。そして会社に真価を発揮しきれない運命をたどらせている。

もしあなたが優れた管理職にふさわしい数のリスクを負っているなら、あなたはかならず失敗する。それがこのゲームへの参加費だ。あなたは失敗を直視しなければならない。

むろん、失敗は多すぎないほうがいい。とるに値するリスクはどれか、ほうっておくべきなのはどれか、それを判定するには単なる事実以上のことを知っておく必要がある。すなわち、自分自身を知らなくてはならないのだ。あなたは気づかなくてはならない。自分が恐れや野心というレンズを通してリスクを見ていることに。そしてそのレンズが結ぶ像は真実とはかぎらないということに。自分という要素——キャリアのどの段階にいるか、それは自分の考え方にどんな影響をおよぼすか――をじっくり検討してみよう。そのうえで、いつ、どこに賭けるかを決めることだ。

たとえ負ける可能性があると承知していても、とにかく賭けてみる。そしていったんチップを置いたなら、もう失敗することは考えない。勝つことだけを考えるのだ。

8 「ビジネス」と「倫理」の関係

「倫理：行為と道徳的判断の基準」
――『ウェブスター辞典』

倫理を棚上げにするな ――◉

私がまだ二〇代で、小さな会社に勤めていたころのこと、ある日、上司が私のところにやってきて言った。「弁護士に連絡をとりたいんだがね」

「どうしたんです？」

「珪肺症《けいはいしょう》の検査で陽性と出た者がいるんだ」

珪肺症とは、肺に蓄積されたシリカの粉塵を原因とする重い病気だ。当時、鋳造所の金型工には珪肺症の発症がめずらしくなかったため、会社では定期的に検査をおこなっていた。

「じゃあ、なぜ弁護士が必要なんですか？」と私は尋ねた。

「その男は先週辞めて別の鋳造所に転職したんだ」。上司は説明し「それで、陽性と出たことを伝える法的義務があるかどうか、確認したくてね」

私は耳を疑った。そして怒りを爆発させた。「弁護士なんかに用はないでしょう！　簡単なことだ。その人にあんたは病気だって言わなきゃだめですよ！」

私がテーブルをたたいて怒鳴ったために上司は度肝を抜かれ、自分の行動が絶対に容認されないものだと悟ったらしい。珪肺症と診断されたことを本人に知らせる道徳的義務が彼にはあった。その上司はすぐに検査結果を元社員に連絡した。

ビジネスの場だからといって、倫理をポケットにしまっていいわけはない。ビジネス社会の外で間違いとされることは、ビジネス社会のなかでも間違っている。

私がニューコアの同僚たちをいちばん誇らしく思うのは、彼らの倫理観が前面に押し出されるときだ。たとえば、あるとき、ヴァルクラフト事業所の販売部長が、ワシントンDCで開かれたジョイスト業界の役員の集まりに出席した。すると夕食のまえに、参加者のひとりが、この集まりは「価格の安定に取り組むいい機会」になると発言した。それが暗に価格操作（違法である）を意味していることは、誰もが承知していた。

だがこのとき、わが販売部長はスコッチのグラスを手に取ると、引っくり返してテーブルに置いた。そしてドアから出ていったのだ。

基準はつねに変化する

むろん、ビジネスにおける倫理はかならずしも明快ではない。ある意味でビジネスは戦争に似ている。許容される武器――優れた製品、費用効率、公正な売買――を使っているかぎり、ある企業が別の企業を故意につぶすことも容認される。

もし、攻撃されているのがあなたの会社だとしたら、倫理の境界線をどこに引くだろう？ あなたにとって大切な人たちの暮らしを守るために、倫理上、どこまでのことが許されるだろう？ おそらく、会社が重大な脅威にさらされたときには、安泰なときよりも思い切った行動に出るのではないだろうか。

さらに、ビジネスで認められる倫理の基準は、つねに変化している。たとえば、かつて独占は受けいれられていた。現在はほとんどの場合、違法である。昔は一般的な慣習だった株式のインサイダー取引もいまは違法だ。広告の真実性の判定基準も、かつてないほど厳しくなった。また機会均等を確保する動きを受けて、雇用、解雇、昇進における倫理基準にも大変革が起こっている。

あなたの個人的な基準もまた変化する。きょう間違っているとみなしたことも、過去にはまったく問題ないと思っていたかもしれない。

一九五〇年代はじめ、私はミシガン湖畔のマスキーゴン砂丘にある小さな工場、キヤノン・

マスキーゴン・コーポレーションで主任冶金技師と販売部長を兼任していた。それはまさに冶金技師が夢に見る仕事だった。われわれはニッケル基やコバルト基の各種合金をつくり、それを厳密な注文に合わせて鋳造した。用途は主に航空機製造だった。

だが、私がとりわけ興奮したのは、ウェスティングハウス社の原子力エネルギー・グループからウランの鋳塊《インゴット》の鋳造依頼があったときのことだ。これを押し出し成形して、世界初の原子力潜水艦、米海軍のノーチラスの燃料棒にするのだという。

スケジュールはきつかった。ウェスティングハウスが希望したインゴットの納入期限は二週間以内。遅れは認められない。そこでわれわれは一二時間交代で一日じゅう、真空炉でウランの溶解をつづけた。そして日曜の朝、ついにインゴットを鋳造した。周囲四インチ（約一〇センチメートル）、長さ一フィート（約三〇センチメートル）、重さは約七五ポンド（約三四キログラム）だった。

しかし問題が発生した。納期ぎりぎりだったうえに日曜の朝とあって、インゴットをウェスティングハウスのエンジニアたちのもとに配送する業者がつかまらなかったのだ。そこでわれわれは自分たちで運ぶことにした。

私は同僚のひとりとともにマスキーゴン空港に向かい、シカゴ行きのチケットを買った。そして手荷物用の重量計にインゴットをのせた、そのときだ。「これは何ですか？」と航空会社の職員が尋ねた。「ウランです」。「ウランは飛行機にのせられません！」

われわれは急いで車に引き返し、グランド・ラピッズ空港に移動すると、つぎのシカゴ行きの便を予約した。航空会社の職員にふたたび荷物の中身を訊かれた私は答えた。「鉄のインゴットです」。職員は手を振って搭乗を促した。

さあ、事実を確認しておこう。

①われわれはグランド・ラピッズ空港で航空会社の職員に嘘をついた。
②われわれは法を犯した。
③インゴットが危険をもたらすことはなかった。仮にあのインゴットの上に五〇年間座っていても、浴びる放射線の量はデンバーでふつうに暮らすのと変わらない。
④ウェスティングハウス側がインゴットを至急求めたのは、国防上きわめて重要と思われるプロジェクトを進めるためだった。つまり、米海軍初の原子力潜水艦製造である。

われわれのしたことは倫理に反していただろうか？　判断はおまかせする。

それは「公平」か「実際的」か――◉

当然ながら、あなたは会社の方針書《ポリシー・ブック》に記すために何らかの倫理基準を定めなくてはならない。明文化して、社の全員が理解できるようにするためだ。ニューコアの人事方針書にも「業務遂行の基準」と題された短いセクションがあり、全社員につぎのようなことを求めている。厳格な法の遵守。他者と接する際に最高の誠意と高潔さを発揮すること。個人の利益とニューコアの利益が衝突しかねない状況を避けること（例：社員は、わが社と取引のある人物もしくは取引を望んでいる人物から、借金をしたり贈答品を受け取ったりしてはならない）。

むろん、人事方針書は倫理的行動を担保するものではない。不正行為を完全に予防できるビジネスなどないのだ。

じつは、ごく最近、ニューコアのある事業所の経理部長が四〇万ドル以上を使いこんでいたことが発覚した。ギャンブルに溺れて自暴自棄になっていたらしい。辞職後は山岳地に行って聖職者になるという。もうひとり、ニューコアのある出荷担当部長で、自身でトラック輸送会社を所有している男が、架空の運送料を請求し、一〇年間で総額七五万ドル以上を着服していたのが見つかった。この男は、われわれと内国歳入庁とで取り押さえた。

こうしたことはかならず起こる。あなたが定めた倫理基準を管理職が踏みにじるのを防ぐ手立てはほとんどない。せいぜい権力の抑制と均衡《チェック・アンド・バランス》によって、嘘をついたり、だましたり、盗みをはたらいたりしにくい環境をつくる程度だ。

そもそも、方針によって幅広い倫理的責務を網羅するのは無理だ（倫理的ジレンマに直面したとき、社員の多くが人事マニュアルを調べるとも思えない）。企業における行動の基準は、むしろ模範というかたちで示される。同僚である社員や管理職の行動を見て、何が道徳的に容認されるかを見極めるのだ。

それはいたって当然のことだ。人は善悪の感覚を幼いときから、ふつうは親を観察することで身につけはじめる。私の父はあれこれ規則をもうけはしなかったが、じつに高潔な人物だった。あるとき、兄が近所に配られた全部の新聞からアイスクリームコーンの無料クーポンを抜き取ってきたことがあった。近所の人たちはまったく気づいていないか、たいして気にとめていなかったと思う。ところが、兄がそのクーポンを見せると、父は言った。「全部返してきなさい」。兄はしかたなく一軒一軒ノックして、クーポンをとったことを説明し、それを返してまわった。このことはわれわれ兄弟に強い印象を残した。他人のものをとるのは、たとえそれが新聞のクーポンでも、間違っていると確かに心に刻まれた。父は首尾一貫して倫理的行動の手本だった。

このように、身近な人たちが示した模範は、倫理的行動とは何かについて多くを語る。だが、すべてを教えてくれるわけではない。われわれは日々、直面する状況から、自分で道徳的判断を下すよう求められる。実際問題として、ビジネスにおいて倫理的であるためには、「公平なこと」と「正当なこと」と「実際的なこと」のまじわるところを見つけなければならない。公平で正当であることが望ましいのは、われわれが倫理的な人間として、おたがい公正に接するよう努めているからだ。実際的であることが望ましいのは、ビジネスに携わっているからである。

じっくり考えれば、公平で正当で、なおかつ実際的な選択肢はかならず見つかる。三つの基準を満たす選択肢を見つけるには経営陣に多少の努力が求められるが、長い目で見れば、それは頭痛の種をいくつも取り除いてくれるはずだ。

われわれの答えの出し方——◉

たとえば、アイヴォリー・ハーバートが関節炎を患ったときに、われわれはこの方法で行動の方針を決めた。

アイヴォリーは、ヴァルクラフト事業所のスチールジョイストの生産ラインで働いていた。わが社で二〇年以上、重労働をしてきた男だ。関節炎を発症したため、きつい仕事はつづけられなくなったが、まだ引退するつもりはないと言った。そこでわれわれは六〇歳のアイヴォリーに、クレーン操作の訓練を受けさせた。彼は優秀なクレーン運転士となり、それから四、五年はがんばって働きつづけた。そして、潮時だと感じたときに退職したのだ。

私の知るかぎり、アイヴォリーに別の仕事を与えたことに疑問を唱えた者はいなかった。自分のチャンスが奪われるとか権利の侵害だなどと不満を訴えた者もいない。彼らはあるがままに受けいれていた。じつにまっとうな姿勢だ。そして実際的でもある。アイヴォリーは毎日、現場で自分の役割をしっかり果たした。それは公平なことだった。もし似たような状況が生じたら、われわれはどの社員に対しても同じことをするだろう。

もうひとつの例として、オートメーションにもふれておこう。オートメーションは、わが社にさほど大きなジレンマをもたらしていない。ただ、少なからぬ企業がテクノロジーと職のトレードオフに頭を悩ませていることは知っている。自動化を導入すれば、たいてい仕事が失われる。オートメーションそのものというより、それに伴う失業こそ、人々がテクノロジーの変化に抵抗する理由なのだ。われわれの答えは簡単だ。ある工程を自動化する場合、その影響を受ける全社員に、それまでの仕事と同等かそれ以上の給料を保証する仕事をふたつ示し、どちらかを選択してもらうのである。

「公平」「正当」「実際的」の交点を探すことは、あの有名な「ピーターの法則」への対処法としても最善のようだ。この法則によれば、「階層構造では、社員は往々にして自分の能力を超える地位まで昇進する」。管理職をやっていれば、いずれこのピーターの法則に直面する。これはきわめて厄介な状況のひとつだ。

社員のなかに、昇進した立場での職務をこなせなくなった者がいた場合、管理職であるあなたには三つの選択肢がある。①さらに昇進させる（邪魔にならないようにする）。②いまの仕事よりもうまくこなせそうな別の仕事に就ける（これが奏功する見込みは半分以下だ）。③クビにする。

私の経験上、ふつうは最後の選択肢が会社にとっても当の社員にとっても最善である。ただし、すぐに解雇してはいけない。当人と周囲の全員にとって、その仕事では彼が無能になってしまったことが明白になるまで待つ。すると、ついに解雇したときにはみんなに訊かれる。「もっと早く辞めさせてもよかったんじゃないですか？」。この決定は、公平で正当、そして実際的とみなされるだろう。

私が反対するもの

私は、今日の世界で「当たり前」としてまかりとおるさまざまな慣習に反対の声をあげることで知られている。あえて言うが、企業は政治と政府から距離を保ち、社員には公平に接し、ありのままの事実を語るべきだと固く信じて疑わない。だから私はつぎのものに反対する。

●選挙の候補者である政治家や政治活動委員会に資金を提供する企業。
●ロビイスト（ニューコアはひとりも雇っていない）。
●無意味で企業の足かせにしかならない政府の規制。
●関税。私の考えでは、業界は外国の競争相手に対して自力で立ち向かわなくてはならない。
●企業に対するあらゆる助成金。国防総省はかつてUSスチールとベスレヘム・スチールに対し、薄スラブ連続鋳造の実験費として一〇〇〇万ドルを提供した。その結論は？「使えない」。そこへ、政府の資金援助を受けていないわが社が出ていき、使えることを示してみせた。
●定年退職。四〇代で引退したほうがいい人もいれば、八〇代になってなお働ける人もいる。
●差別。資格のある者が就職を断られるのはおかしい。
●収益をゆがめる財務報告書。一部の企業の年次報告書を見ると、「この会社の収入はどうなってるんだ？」と叫びたくなる。企業が数字をどれだけいじっているか、知れたものではない。

異論がある？　ここは自由の国だ。

誘惑に負けるな――●

ビジネスの世界は誘惑でいっぱいだ。欲しいものが楽に手に入りそうな近道はたくさんあって、良心は、強力なタッグを組むエゴ（自我）とイド（本能的衝動）に圧倒されかねない。それどころか、ビジネスにおける最高の報酬――名声、権力、富――がこぞって、われわれの根本的な欲求を刺激する。システム全体が誘惑の炎に油を注ぐように設計されているのだ。そのせいか、ビジネス界に善人は数多くいるが、聖人となるとほとんどいない。

そうしたもろもろの理由から、ビジネス界で倫理的に行動することは困難をきわめる。だが、その困難な仕事をあなたは引き受けなければならない。

白状するが、私は欲しいものを手に入れるために、越えてはならない一線を前にずらしたことがある。だが、こうも言っておこう。その線をなかったことにしたためしは一度もない。

9 成功は「シンプル」の先に

単純さこそ成功のカギ

ニューコアの単純さをなかなか認められない経営者が大勢いるようだ。わが社に関する質問に細大漏らさず、できるだけ率直に答えても、彼らはこんなふうに考える。まだ何かあるはずだ……まだ明かされていない成功の秘訣が。

しかし、じつのところ、単純さこそがニューコアを成功に導いたもの、少なくともその大部分なのである。複雑さ、階層構造、官僚主義など、多くの大企業を特徴づける無意味なものを、われわれは意識的に遠ざけてきた。だからこそ、ニューコア流ビジネスの主要な要素をすべて紹介したこの本も、たいして長くない。わが社は説明しやすいのだ。

われわれは本当に重要なこと、つまり実際の収益と長期的な存続に集中するよう努めている。

社員にもこのふたつについて考えてもらいたいから、ほかの話題で彼らの気を散らさないよう気をつけている。格調高いビジョン・ステートメントでイメージを混乱させたり、「卓越性《エクセレンス》」といった曖昧な中間目標を追求させたり、複雑なビジネス戦略で負担をかけたりしない。わが社の競争戦略は、製造設備を経済的に建設すること、そして効率的に運用すること。以上だ。

「設備を経済的に建設すること」という言葉には、わが社の設備投資のあり方がよく表れている。われわれはすべての製鋼事業を、コスト競争力の高い土台に築くところからはじめる。ミニミルの建設費は、年間生産高一トンあたり二〇〇～五〇〇ドル。対して、一貫型鉄鋼メーカーが好む従来の製鉄所の建設費は、一トンあたり一四〇〇～一七〇〇ドルにもおよぶ。

その後は、低コストと高い生産性を優先事項として工場を運営すると（すなわち効率的運営だ）、初期費用の優位を広げつつ、コストを継続的に低く保つことができる。基本的に、社員には少ない元手で多くの製品をつくるように伝えている。そして、それが着実に果たされれば報酬をはずむ。単純なことだ。

顧客にも正直になれる――◉

事業をシンプルに保てば、顧客との取引でも単刀直入になれる。わが社の価格設定の方針がその好例だ。鉄鋼業界のご多分に洩れず、ニューコアも建値《たてね》を出す。ただし、同業他社とは違って、わが社が発表する鉄鋼製品の建値は、そのまま請求金額になる。特別割引はしない。例外はない。

なぜそれが重要なのか？　長年にわたって、われわれは何十人もの顧客から、割引は商売にとってかえってマイナスになるという話を聞いた。

たとえば、アイオワ州のあるサービスセンター（販売代理店）の部長は、大手メーカーとの取引で痛い目にあったという。大口注文で鉄鋼を購入し、建値に近い額を支払ったのだが、一週間後、その鉄鋼メーカーが同じ製品を、サービスセンターと競合関係にある鋼材ブローカーに大幅な割引価格で売却したのだ。つづく数か月間、サービスセンターは、ことあるごとにそのブローカーと競り合うはめになる。

部長に残された選択肢はふたつしかなかった。①ブローカーと同じ価格で販売して、損をする。②鉄鋼を売るのはあきらめ、売上げなしに甘んじる。部長はその大手鉄鋼メーカーに「裏切られた」と言ったが、ある意味、そのとおりだった。割引をしないことで、ニューコアはすべての顧客と平等に接する。公平な競争の場を提供するわけだ。そして取引を、商取引の限界までシンプルにする。

有言実行を貫くことの大きな強みのひとつは、顧客から信頼を得られることだ。販売担当者は相手を惑わさなくていい。必要なのは事実を提示することだけだ。

たとえば、一九七五年、われわれは業界紙にこんな公開書簡を発表した。

鋼材をご利用の皆様

大手鉄鋼メーカー数社がほぼ同時に、ニューコアの価格に合わせて値下げすることを決定しました。当社とは価格構造が異なるため、これをどのようにおこなうつもりなのかと疑問に思われる方もいらっしゃるでしょう。どうやら、彼らは当社と価格を一致させるか否かを、お客様ごとに判断する意向のようです（興味深いことに、彼らが値下げするのはほとんどニューコアが製造する鋼材と寸法に限られています）。

当社では工場の経済的な建設と効率的運営をたいへん重視しています。大手メーカーに対し、ニューコアのように年間生産高一トンあたり九〇ドル未満の資本コストで工場を建設できるかどうか、お尋ねになってはどうでしょう。彼らは一トンあたり五人時《マンパワー》未満で鉄鋼を生産できるでしょうか？（生産担当者のみで計算しますと、当社は三人時を下回ります）。昨年、米国の七大鉄鋼会社の平均総人件費は、一トンあたり一一〇ドルを超えていました。当社は四五ドル未満でした。当社の価格はこうした低いコストに基づいており、それで収益をあげているのです。

当社の販売担当者が皆様を頻繁にお訪ねすることはまずありません。彼はゴルフもやらないでしょう。皆様を夕食にお誘いすることも考えられません。大手メーカーと違って鉱石運搬船にご招待することはありえません。けれども、高品質の山形鋼、丸鋼、溝形鋼、平鋼、特殊形鋼、鍛造用ビレットを経済的な価格で提供するでしょう。私が唯一悔やんでいるのは、もっと幅広い製品や寸法をそろえていれば、さらに多くの顧客の方々が当社の効率による利益を享受できたと思われることです。大きな鉄鋼会社から値下げ価格で購入なさろうとお考えなら、どうぞニューコアからお買い求めください。

敬具

社長　F・ケネス・アイバーソン

私はよく言うのだが、従業員は大半の管理職が評価するよりもずっと賢い。それは顧客も同じである。彼らは、儲からない製品の価格をメーカーが長期的に下げたままにはできないと知っている。競合他社の価格設定に対抗するためにニューコアがしなければならないのは、ありのままの事実を語ることだけだった。

それはまさにニューコアのCEOジョン・コレンティが、新設された鉄鋼業者連合《スチール・アライアンス》の副会長としてやろうとしていることでもある。五年間にわたって一億ドルをかけた鉄鋼推進広告キャンペーンをおこなうのだ。先日、『シャーロット・オブザーバー』の記者がジョンに電話をよこして、こう尋ねた。「今回の主流派によるキャンペーンに参加されたのはなぜですか？　ニューコアが業界の異端だった時代は終わったのでしょうか？　貴社の哲学が変わったということですか？」

ジョンの答えは翌日の新聞に掲載された。「いいえ、そうではありません。これは教育への投資と考えています。街にいるごく普通の人は、鉄と聞くとこんなふうに反応します。『おい、鼻を押さえろ！　あの古臭くてだらけた公害産業だぞ』。三〇年前はそのとおりでしたが、いまは違います。鉄鋼のいい話を知ってもらわなくてはなりません」

ジョンの言うとおりだ。鉄鋼は世界でもっとも再生利用しやすい製品である。鉄鋼のリサイクル量は、紙、プラスチック、銅、アルミニウムのリサイクル量の合計よりも多い。古い車が八台もあれば、そのリサイクル材料で家を建てることが可能で、それは一〇数本の木の節約にもなる。しかもその家はいつまでも建っているはずだ。われわれはこうした鉄鋼の事実を消費者に届けたい。

単純な原理で着実な成長を――●

長期的な存続を短期的な収益より重視すること。

重役のふところを潤わせるのではなく、痛みを分かち合うこと。

意思決定の権限を現場の労働者に与えること。

管理職と従業員の差を最小限にすること。

社員には生産性に応じた報酬を支払うこと。

これらはどこかの革命的な新しいマネジメント・コンセプトの一部ではない。ごく単純で、ごく直接的なビジネスの原理だ。これによって従業員は実際の収益を高めることに専念でき、管理職は従業員の行く手から障害物を取り除くことに専念できる。

私は各地の事業所をめぐり、設計、経理、製造、販売など、さまざまな仕事をしている従業員に話しかける。すると誰もが、その事業所がそれまでに達成した利益を教えてくれる。われわれは会社の業務を過度に複雑化する誘惑に抗ってきた。何が大切かはよくわかっている。

一九六六〜九六年にかけて、ニューコアの年平均成長率は約一七パーセントだった。わが社は毎年、利益をあげてきた。二五年連続で株主に配当金を支払ってきた。たしかに、どの年にもわれわれより二倍、三倍、いや四倍の速さで成長する会社が現れる。だが、空に一瞬のきらめきを残して消えていったまばゆい流星はひとつやふたつではない。一方、ニューコアは一年また一年とふた桁の収益率を記録しつづけてきたのだ。

だから、もしあなたがニューコアにもっと複雑できらびやかな姿を望んでいるのなら、思い出していただきたい。物事をシンプルに保つことがわれわれの役に立っているのだと。

わが社はこれまで、一流ビジネススクール出身のＭＢＡ取得者を何人か採用したが、あまり運に恵まれなかった。彼らは学位を手にわれわれのところにやってきてこう言う。「世界を征服する準備ができています」。それで雇ってみると、ひとつの部署の管理さえできないことが判明するのだ。

いや、頭がいいのはたしかだ。金融と会計はよくできる。経営理論をそらんじて、ビジネスの新語を連発し、あらゆる状況に応じてモデル図を描いてみせる。ところが、機械を操作する従業員との会話はひどいものだ。人との交わり方も指導の仕方も知らない。基本的なコミュニケーションスキルが欠けている。

こういう経験をしている会社はニューコアだけではないだろう。何かが決定的に間違っている。ビジネススクールの明確な目的は有能なプロの経営者を輩出することだ。だが、それができていない。少なくとも、私は納得していない。

問題の一端は、おそらくＭＢＡ取得者のなかに間違った理由で経営の分野に進んだ者がいることだろう。経営の仕事では、長期にわたって存続し、成功する会社を築いていくことが大切なはずだ。ところがＭＢＡを目指す学生たちはたいがい、短期的利益、バランスシート重視のマネジメント、そして取引にばかり目が向いている。

一九七〇年代の終わりにハーバード・ビジネススクールに招かれ、ニューコアを題材にしたケーススタディの発表を聞かせてもらったことがある。このケースで提示された設問は、「ニューコアはアメリカのほかの地域にもミニミルを建設すべきか？」。当時わが社では三つのミニミルが運転中だった。現在は八つになっている。

さて、およそ八〇パーセントの学生がこう結論を下した。ニューコアはミニミルの建設をつづけるべきでは*ない*。ほとんどの者は、大手鉄鋼会社に太刀打ちできないと考えていた。

授業のあとで私は教授に訊いてみた。「こちらの学生さんはいつもあんなに保守的なんですか？　長期的にどんなチャンスがあるか、なかなか思いつかないようでしたが、あれがふつうなんですか？」

教授は言った。「たしかに、すぐに結果が出ないようなリスクを負うのは苦手ですね。彼らが考える成功とは、早く金持ちになって引退することなんです」

いまのビジネススクールの学生は、当時の学生よりは起業家精神を身につけていると思う。よいことだ。経営者の優先順位リストでは、個人的な金儲けより長期的なビジネスの利益のほうが上位になくてはならない。だから、これから経営で身を立てようという人にはこう言っておこう。そのキャリアに求めるものが手っ取り早い金儲けだけなら、あなたは経営者になってはいけない。どのみち、ものにはならないだろう。ビジネス界にとっても、あなたがいないほうがありがたい。

とはいえ、MBA取得者の多くは、立派な動機から経営の仕事を選んでいる。彼らはビジネスに強い関心があり、受け取るよりも多くを与えようと考えている。貢献したいと思っているのだ。ところが、いざ実社会に出てみると、学校で学んだ知識だけでは、経営上、本当に必要なことにうまく対応できないことを思い知る。

ビジネススクールを非難していると思われるかもしれないが、そうではない。われわれはつい忘れがちだが、「ビジネススクール」はまだ実験的な段階にある。二〇世紀後半に登場した新機軸にすぎず、それも、ほとんどアメリカの新機軸だ。日本やドイツにはビジネススクールがさほど多くない。

私の考えでは、ビジネススクールは気高い実験だ。いつの日か大きな成功をおさめるかもしれない。つまり、いまはまだ大成功とはいえないということだ。

ビジネススクールのカリキュラムを作成する方々には、ぜひ現行のＭＢＡ教育に関するつぎの基本的な改革案を検討していただきたい。

●カリキュラムを刷新し、新しい経営・管理スキル、とくに従業員とのコミュニケーションにかかわるスキルの開発を組み込む。

●少なくとも一年間のフルタイム経営実務研修《インターンシップ》を必修とする。中小企業での履修が望ましい。

人間の行動や能力を向上させることこそ、経営者が果たすべきもっとも普遍的な責務だ。人とふれあい、意思疎通を図る方法を知らないマネジャーに、どうしてそれを期待できるだろう？

ビジネススクールのカリキュラムは、まず人間を理解し、効果的に関係を築く能力の開発からはじめるべきだ。学生は人的管理の基礎をしっかり身につけてから、選択した個々の専門で求められる具体的なスキルやテクニックに取り組めるようにすべきだろう。

ここで、ＭＢＡカリキュラムの一年めの主要科目にできそうなテーマを挙げてみよう。

●従業員の信頼と忠誠心を獲得する。

従業員が何を感じているかはもちろん、日々の職場の生活がどんなものかも知らない経営者があまりにも多い。そうした洞察力のなさはすぐに従業員に伝わり、それ以降、経営者が何を言っても素直に受け取られなくなる。逆に、「実際に何が起きているか」「何に直面しているか」がわかっている経営者なら、たいていのことは好意的に見てもらえる。いたって当然のことだ。

そこで提案したいのだが、MBA志望者全員に、最低でも二、三週間、力仕事や事務仕事といった非管理系の労働に携わることを義務づけてはどうか。さらに、その体験の日誌をつけることを課すといい。直面した問題、味わった挫折、成功した点などを記すのだ。管理職として見ると些細なことでも、従業員として見ると重大な意味をもつことが多いと気づくだろう。

将来のマネジャー候補は、従業員に対する暗黙の約束や明言した約束についてもよく考えておくべきだ。そうした約束に伴う義務や、その義務の限界についても理解したほうがいい。そして、信頼に応えられなかった場合にどんな影響があるかも把握しておくのだ。

●アクティブ・リスニングを身につける。

人の話に耳を傾けることは、ビジネスの場に限らず、人間の技能のなかでもっとも不足しがちなものに数えられる。耳を傾けるには、集中力、スキル、忍耐、そしてたくさんの訓練が必要だ。

だが、そうした訓練に時間を費やすのは、きわめて堅実な投資となる。本気で耳を傾ければ、従業員の言葉を聞くだけでなく、その言葉の裏に隠されたもの（従業員の気持ち、思い込み、偏見）も感じ取れるようになる。しかも、聞き上手という評判が広まれば、それが呼び水となって、ほかの者が情報をもってくることもあるだろう。

傾聴に熟達することはあらゆるマネジャーにとって大きな強みとなる。これができないMBA取得者は、ビジネスの世界に送り出さないほうがいい。

●地位に依存した権力の危険性を理解する。

経験不足のマネジャーは、階層がもたらす形式的な権威に頼りがちだ。無理もない。経験、専門知識、年の功といった、ほかの種類の権威を育む機会がまだないからだ。

問題なのは、若いマネジャーが往々にして、階層に依存した権力の危険性を把握していないことだ。社員から遠く離れた上空に身を置けば、墓穴を掘ることになるとわかっていない。こうした経験不足のマネジャーには、階層に依存した権力の危険性を警告しておくのがフェアだろう。

●公平な待遇に関する原則を学ぶ。

従業員の公平な待遇に関する原則について、ビジネススクールや経営開発課程できちんと教えられたマネジャーはほとんどいない。そのため彼らは、何をもって公平とするかについて自分に都合のいい規則をつくって、その空白を埋めることになる。ビジネススクールで明文化され、強く提唱される良識的な原則がいくつかあれば、ビジネス社会は、従業員にとっても経営者にとっても、よりよい、より公平な場所になるだろう。

マネジャーの実務研修という構想に、医学教育のインターン制という前例があるのはいうまでもない。医師は数年間インターンを務めてから世界に解き放たれる。MBAの履修課程にも同じような移行のステップがあっていい。そこでは現場経験の提供に重点を置くべきだ。学生は人を管理する決意をもってビジネスの世界に進むのなら、まず経験豊富なマネジャーの注意深い指導の下でスキルを養ったほうがいい。

というのも、ビジネススクールの教授陣に、実際に管理や経営に携わったことのある人がほとんどいないからだ。そうした現場経験の不足が学生に反映されている。これに対し、医学部の教員たちは一流で権威のある現役の医師たちだ。

実務研修は、比較的小さな自己完結型の会社で積むのが望ましい。そうすれば、その会社の全体像をつかみ、ひとつの事業の総合的な力学を理解できるだろう。企業社会を見渡すと、社内のほかの部署には自分の仕事をわかってもらえないと嘆く人たちが大勢いる。たいてい彼らの言うとおりだ。同じ会社でも自分がふれたことのない側面を理解できるのは、非凡な人物だけだろう。あまりに多くのマネジャーに、そういう非凡さが期待されている。

ビジネススクールのなかには、デューク大学ヒュークワ・スクール・オブ・ビジネスのように、現役の経営者やエンジニアなど、ビジネスの経験がある人々にMBA課程を履修するよう積極的に働きかけるところもある。たしかに、学習課程は修了しても経営や管理は未経験の人間にMBAを授けるよりはいいだろう。だが、それで十分とは、とてもいえない。

一九九七年の『ビジネスウィーク』のある号で紹介された研究によれば、ビジネススクールの学部長の八五パーセントが、MBA課程の受講希望者を評価する際に実務経験を重視すべきだと語っている。ところが、最難関のビジネススクールを見ると、ほかの条件が同じ場合、豊富な実務経験をもつ出願者は、まったく実務経験のない出願者より、合格可能性が若干低い。

そろそろビジネススクールはMBAのカリキュラムに、経営の実務研修期間をはっきりと組みこむべきだろう。そうしないかぎり、卒業生が実社会の経営・管理に必要な準備を終えて世に出ることはできないのだ。

私も自分なりのやり方で、ビジネスを専攻する学生たちに、実社会はかならずしも講義どおりではないことを教えている。私のところには、学生たちからよく電話がかかってくる。これは愉快な体験だ。初めてかけた電話でいきなり私につながると彼らはあわてるが、やがて動揺がおさまると、がさごそと紙を探り、こう尋ねる。「ええと、御社の使命記述書《ミッション・ステートメント》を一部いただけないでしょうか？」。わが社にそういうものはないが、社員はみんな会社が何をしたいのかは知っている、と伝える。「はあ、では、職務記述書《ジョブ・ディスクリプション》をお送りいただけますか？」。ニューコアには職務記述書もない。「職務記述書もないんですか？」と彼らはびっくりする。「ちょっと待っててください、教授に知らせなきゃ！」

ビジネススクールの教授にも、学生たちに負けないくらい学ぶ姿勢があることを願うばかりだ。

謝辞

お世話になった方はあまりに多く、とうてい全員の名前を挙げることはできない。出版社のジョン・ワイリー&サンズには、私の原稿に関心を寄せていただいたことにお礼を申しあげる。ジム・チャイルズは私の興味をかきたててくれた最初の人物だ。レナーナ・マイヤーズは出版の準備をする際に大きな力になってくれた。ジム・フラヴァチェクは、この本を前進させると同時にそぐわない部分を削る際に背中を押してくれた。トム・ヴァリアンはあらゆる談話や録音テープ、インタビュー、メモを集め、われわれの哲学と実践を見事に体系化してくれた。

そして、インタビューに協力して意見を述べてくれたニューコアのみんなに感謝しなければならない。この本は彼らについての本なのである。

本書は一九九八年に刊行された*Plain Talk*
（邦訳『真実が人を動かす』ダイヤモンド社、
一九九八年）を新たに翻訳したものです。

この度はお買上げ
誠に有り難うございます。
本書に関するご感想を
メールでお寄せください。
お待ちしております。
info@umitotsuki.co.jp

逆境を生き抜くリーダーシップ

2011年7月30日　初版第1刷発行

著者　ケン・アイバーソン
訳者　近藤隆文《こんどうたかふみ》
装幀　重原 隆
編集　深井彩美子
印刷　中央精版印刷株式会社
用紙　中庄株式会社
発行所　有限会社海と月社
〒151-0051
東京都渋谷区千駄ヶ谷2-39-3-321
電話03-6438-9541　FAX03-6438-9542
http://www.umitotsuki.co.jp

定価はカバーに表示してあります。
乱丁本・落丁本はお取り替えいたします。

ISBN978-4-903212-28-9